這些失敗改變了我

贏在不放棄！

國貞文隆 著 陳惠莉 譯

測驗開始

你知道嗎？有很多在人生或商場上獲得成功的人，他們跌落深深的谷底，反覆遭遇重大的失敗或挫折比一般人還要多？突然聽到這樣的說法，一時之間你也許難以置信，那就先請你思考一下，以下的項目當中，自己符合幾項？

- ○覺得到公司上班很無趣。
- ○總是不自覺地在意別人的目光。
- ○自視甚高。
- ○只會空想，鮮少付諸行動。
- ○對自己沒信心。
- ○經常在苦惱著，這樣下去是否恰當。
- ○時常逃避眼前的工作。
- ○覺得自己只是還沒有拿出真正的實力。
- ○欠缺集中力。
- ○不知道自己想做什麼？想成為什麼樣的人？

事實上，自認符合的項目越多的人成為成功者的可能性就越高。

前言
缺點ＯＫ失敗無妨，唯一要件「不要放棄」 009

第1章 總有一天，「失敗」會創造成功！
曾經害怕失敗，只希望不出錯的他，告訴所有的上班族，盡量體會失敗的滋味吧！
東洋經濟新報記者、ＧＱ編輯 國貞文隆 014

第2章 從自卑中找到成功的契機

Chance 01
擁有「自己的目的」，懷抱著「無論如何都得工作」的強烈危機感。
阪急集團創始人 小林一三 029

Chance 02
帶著永遠考不上第一志願的自卑感，將人生賭在自己最喜歡的事物上。
SONY創始人 井深大 030

Chance 03
即使家境貧窮、健康亮紅燈，還是抱持一定會通往成功的熱情。
京瓷創始人 稻盛和夫 041

Chance 04
一直到死亡之前，不斷地經歷失敗和挫折，總是有辦法化危機爲轉機。
RICOH創始人 市村清 046

Chance 05
沒有傲人的學歷，抱持著「就是要成功」的目標，最後當上證券公司的社長。
立花證券創始人　石井久立花
050

Chance 06
就算人生一再出現挫折，他還是不顧家人的質疑，從危機當中挖掘新點子。
普利斯通創始人　石橋正二郎
054

Chance 07
不斷從失敗中擬定戰略，產生新的活力和信念，然後重新再出發。
GE公司前會長　傑克·威爾許
058

Chance 08
高中考試落榜三次後，從此貫徹不強出頭的「老二哲學」。
石川島播磨重工業前社長　土光敏夫
062

第3章 大起大落的人生促進精采成就

Chance 09
被公司淘汰、入獄等經歷，充滿傳奇色彩的一生，經常被當成小說與評論的題材。
電力大王　松永安左衛門
069

Chance 10
面臨破產困境，失去出版社商標、庫存等所有一切，在破產隔年東山再起。
倍樂生集團創始人　福武哲彥
075

Chance 11
歷經喪妻之痛，陷入牢獄之災，甚至產生自殺的衝動，到了五十歲才有所成就。
東急集團創始人　五島慶太
080

Chance 12
勇於承認錯誤，在任何狀況下都保持開朗的心境，爲眼前的工作盡最大的努力。
Panasonic 創始人　松下幸之助
085

Chance 13
身爲東大生的現場作業員，即使在國策事業中遭遇挫折，仍然持續掙扎奮鬥。
日產財團創始人　鮎川義介
090

Chance 14
失敗再失敗的醍醐味，最終成了日本的國民飲料——可爾必思。
可爾必思創始人　三島海雲
101

Chance 15
失去妻小，也失去自動鉛筆的專利權，還是咬緊牙苦撐下去。
夏普創始人　早川德次
106

Chance 16
沒有自信與好口條，但抱持著「爲工作死而無憾」的信念，當上外商公司社長。
日本微軟社長　樋口泰行
111

Chance 17
新創的衛星廣播事業徹底失敗，自覺不足與脆弱後，走上成功之路。
CCC會長　增田宗昭
116

Chance 18
因爲資金周轉困難，拿自家抵債，只差一步就破產，終於將聯網事業推向高峰。
IIJ會長　鈴木幸一
122

Chance 19
被迫離開自己一手創建的企業，以近乎執拗的集中力，拯救了蘋果電腦。
蘋果電腦創始人　史蒂夫・賈伯斯
128

Chance 20
名門顯貴之子被逐出家門，一整年沒有休假，花了十年時間才成功重整家業。
星野Resorts社長 星野佳路
133

Chance 21
上市後，面臨公司被掠奪的危機，堅信未來就算出現困境，都要貫徹自己的信念。
Cyber Engine 藤田晉
137

第4章 跳脫「年紀大不可能創業」的世俗框架

Chance 22
三十九歲發表「人生歇業宣言」，之後創立摩托車商品化的事業。
本田汽車創始人 本田宗一郎
147

Chance 23
大學時學習猶太商法，觀察日本的飲食文化改變，四十五歲把人生賭在漢堡上。
日本麥當勞創始人 藤田田
152

Chance 24
待在老家也翻不了身的老么，即使父親威脅斷絕父子關係，還是要獨立創業。
SECOM創始人 飯田亮
158

Chance 25
四十歲到來的勝負關鍵遭到眾人的反對，透過出版流通業來發想單品管理法。
7&I控股集團會長 鈴木敏文
164

Chance 26
三十五至四十一歲都很想辭職的經營者，但每次都還是把困難當成一種新的挑戰。
SONY前會長 出井伸之
170

Chance 27
不斷轉換部門的冷板凳人生，藉由觀察公司的問題點，四十歲後將家族事業進行構造改革。
武田藥品工業前會長　武田國男
174

Chance 28
四十二歲被降調到華盛頓，因爲壓力長出一頭白髮，在一般人應該退休時當上社長。
讀賣新聞集團總部會長　渡邊恒雄
180

第5章 失敗才是成功的跳板

Chance 29
熬過生病住院三年半的時間，即使只剩下五年壽命，還是決定完成人生目標。
軟體銀行集團創始人　孫正義
190

Chance 30
了無幹勁的青年被委以重任後，創立優衣庫歷經一連串失敗，將失敗轉爲成功跳板。
UNIQLO 創辦人　柳井正
197

結尾
支撐我們到最後關頭的是「自己」
207

〔前言〕

缺點OK失敗無妨，唯一要件「不要放棄」

人生永遠都像浪濤一樣，正面和負面的感情交互地衝擊著我們的心靈。樂觀和悲觀、積極和消極。然而，從某方面來說，人們感到悲觀、消極的時候應該比較多吧？「這樣下去沒問題嗎？」「我是不是比一般人還不如？」「對自己實在沒什麼信心」……

當我們在工作或人際關係方面遇到煩惱或不安的時候，想從負面的感情當中跳脫出來比我們想像中的還難。一旦遭遇失敗，或者遭到叱責，任誰都會感到沮喪。想讓自己盡快從低潮中重新站起來，卻發現這不是一蹴可幾的事情。有時候，我們會因爲懊惱或對無法振作的自己感到焦躁，甚至在夜深人靜的時候想狂吼吶喊，或者一個人躲在浴室裡流下苦悶的淚水。有時候被上司提點了好幾次卻依然無法改善問題時，我們會覺得自己眞的太差勁，因而感到懊惱，質疑爲什麼自己會生成這樣的人？

另一方面，在這個世界上也有一些總是樂觀而積極地工作，看似快樂地度過人生的人們。沒有自信的人有時候可能會很羨慕這種天生好命的人吧？結果就在不自覺的狀況下拿別人和自己做比較，然後讓自己再度陷入低潮中。

每個人都想從「能力不佳的我」變身成「能幹的我」。然而，「我出生的環境和天生的能力本來就不如人」；「比我優秀、成功的人本來就天生好命，這種人跟煩惱或不安是無緣的」的執念會不斷地扯我們的後腿。因爲我們會告訴自己，「能幹的人」和「能力不佳的我」在各方面都是不一樣的。

事實上，這樣的人才會有機會降臨身邊。因爲，**只有在悶悶不樂地苦惱或不安當中，才會潛藏著改變自己的啓示**。

任何一種人都會有許多缺點，缺點是很難糾正的。所以舉凡是人就一定會失敗，失敗之後就會感到苦惱，然後一直反覆這樣的過程。**經過多次的失敗，強烈自覺「我的環境和能力比別人差」的人才能盡早改變自己**。

本書是一本精選集，介紹跟我們有著一樣的煩惱和不安的人們在商場上是經歷過什麼樣的失敗和挫折，然後因爲這樣的痛苦而致力於改變自己，直至成爲「名社長」爲止。

在此補述自我介紹，我以研究創業者和經營者爲畢生志業，調查名留歷史的商界先進的年譜，同時採訪目前活躍在業界的經營者。他們「成功」的途徑各不相同，然而卻有一個明確的共通點。那就是，**他們都經歷過超乎我們想像的困難環境和境遇。然而，他們從中看到**

了希望，從來沒有放棄對自我的期待。一方面痛苦掙扎，卻又同時將這些苦痛轉變爲每天的充實泉源，這樣的人才是眞正的「成功者」。成功的經營者或創業者並不是因爲有成就，就代表他們是萬能的。這些人也曾經遭到質疑「這種人能當社長」？然而，**他們有一個共通點，那就是承認失敗，而且非常清楚自己的缺點。他們可以非常客觀地陳述自己的缺點或失敗的經驗**。

所以，我們這些平凡人如果對自己的缺點或失敗睜一隻眼閉一隻眼，甚至視而不見，那實在是非常可惜的一件事。**首先我們要承認自己的缺點和失敗**。當然不是要你否定、瞧不起這樣的自己，只是，從肯定缺點和失敗開始著手不也是一種成功的方法嗎？

身爲經營學者的彼得・杜拉克（Peter Ferdinand Drucker）經常採訪成功的經營者，找出其共通點。他們的性格各不相同，沒有任何共通點。他找不到所謂的「成功者所共有的性格或缺點」。杜拉克找到的唯一共通點就是**「具有永不放棄，努力做到最後的力量」**。

這種「永不放棄，努力做到最後」的力量只有在面對自己的缺點，或者面對失敗的時候才會顯現。你會轉過身逃避缺點或失敗？或者正視它們的存在？就算在人生重要的時候或在工作上遭受嚴重的挫敗，正面去面對要比逃避好得多。這樣一來，自己的心情才可以獲得舒緩，日後也不會感到後悔。連失敗都能勇敢地去面對，人生就會變得比較快樂。

我希望對每件事情都下不了決定、不採取行動的人先去體驗失敗的經驗。就如自古以來常說的，失敗爲成功之母。舉例來說，曾經在考試和就業方面慘遭滑鐵盧，慨歎自己的境遇和能力的稻盛和夫日後成了京瓷的創始人，而且也是重整日本航空的大功臣。內向而沒有活力，怎麼看將來都當不成經營者的青年柳井正後來成了迅銷（FAST RETAILING）的社長，創立了UNIQLO。創業之初因病住院三年半，站在絕望深淵邊緣的孫正義目前是軟體銀行的社長，在國內外都是個舉足輕重的人。

在這裡列舉出來的人物都是一些雖然反覆遭遇失敗或挫折，卻仍然不放棄自己的人們。讀者想要從哪個經營者的故事看起都無所謂。對工作提不起熱情、在工作上犯下讓人笑不出來的錯誤、對永遠都翻不了身的自己感到厭煩……不管是什麼樣的人，你一定都可以找到對你的現狀有幫助的故事。

覺得自己「遲鈍」「怠惰」「畏首畏尾」的人，希望你現在立刻翻開書頁。看過內容之後，你應該就會覺得眞正的自己其實是比自己想像中更有能力的。不要想得太難，你會發現，很不可思議的事情是，**人擁有不管經過再多的失敗，都可以重新站起來的堅強力量**。

第1章

總有一天，「失敗」會創造成功！

Introduction

曾經害怕失敗，只希望不出錯的他，告訴所有的上班族，盡量體會失敗的滋味吧！

東洋經濟新報記者、GQ編輯
國貞文隆

崇拜的明星編輯本來是冷板凳一族

我剛成爲出版社的雜誌編輯時，經常害怕會失敗。

說到我當時所做的工作內容，其實也只是在經常爲截稿日所追逼的時間當中，以各種不同的觀點去組合所有的材料，使它看起來像是最理想的成品。

我的工作心態是避免受到公司內外的風浪牽連，又很在意別人的評價，總是避重就輕地處理事情，以避免失敗，所以，在工作上也沒有冒過什麼險。說穿了，就是一直在逃避。或許就是這個緣故吧？我所完成的企劃內容連自己看了都覺得無趣。

因爲只是一個沒有做錯事的員工，所以我在公司內部也不顯眼，當然也不可能成爲一個背負著公司的招牌或名聲的重要編輯。

另一方面，我的上司卻是在出版界集眾人之豔羨於一身的明星編輯。以四十歲左右的年紀就被從編輯拔擢爲社長，年收入以億爲單位，是業界非常成功的人，甚至曾經登上周刊雜誌。他有過人的企劃能力，總是有著足以讓四周人爲之讚歎的觀點，即便是老掉牙的材料，只要經過他的巧手，就會變成充滿新鮮感的東西。可以在幾秒鐘之內就想出嶄新創意的他總是能吸引許多人，從市場相關者到成衣產業經營者、設計業者，莫不爭相登門求見。他的身邊聚集了許多有才能的人，綻放著傲人的光芒，走在時代的尖端，他具有十足的存在感，只要站在他旁邊，就會感覺到巨大的壓力。

當時的我心想，他一定沒有體驗過失敗的滋味吧？他有上天賜予的才能，年輕時就被委以重要的工作，這使得他果敢地挑戰每一項事物，而且獲致成功。

就在這個時候，我在偶然的機會下遇見了從以前就認識這位編輯的人。我抓住這個機會，問對方：「他應該一直都是個非常能幹的人吧？」然而，我得到的答案卻跟我的想像完全背道而馳。

「跟以前相較之下，讓人有恍如隔世的感覺呢。他應該算是一個晚熟的人。以前因爲造成公司財務上的重大赤字而遭到降職，就在幾年前，他還曾經是坐冷板凳的人呢。」

這個事實完全出乎我的想像之外。「啊？是嗎？」這個人會不會是嫉妒他的名聲，所以故意誇張地渲染別人小小的失敗？這個人說的話是不是應該打個折扣啊……我聽到的內容跟現狀有太大的落差，讓我不得不有這樣的想法。

之後過了一陣子，在某個宴席上，我下定決心問他本人，關於他被降職一事是否屬實？結果他一邊笑著一邊回答：「是眞的呀。」

「我在三十五歲之後，業務上出現了嚴重的赤字，根本是個大失敗。我被降職，到公司去也沒事可做。現在回想起來，我覺得那是一個挫折。因爲不想去上班，我還曾經一個人跑到河邊去發呆。因爲時間太多，便開始瞞著公司去打工。我負責的工作是製作整本ＰＲ雜誌。從企劃到人手的分配、金錢的支出都得一手包辦。那時我才第一次認眞地思考雜誌這個工作。結果，那一次經驗學到的比在公司裡面學到的還要多。」

他又語帶幽默地跟我提到他個人其他的失敗經歷。當時我心裡想著。是不是因爲失敗過，所以他才能成爲一流能人？是不是因爲他挑戰過許多工作，所以經歷了大大小小的失敗，也因爲這些失敗的經驗，才使得他有更飛躍性的成長？

害怕失敗而只做預定好的計畫、不會出錯的工作的我當然就不會有什麼表現了。

〈我的履歷表〉為何可以連載五十六年以上

「成功者的失敗插曲」讓我回想起在日本經濟新聞早報最後一版的連載專欄〈我的履歷表〉。這個專欄是請成功的財經界人士、政治家、文化人、學者、演員、運動選手、創意人等針對其個人的一生，以一個月的時間來闡述過往，詳細地介紹這些人走過的人生足跡。從一九五六年開始刊登，一九八七年變成現在的模式。是發行時間長達五十六年以上，很受商務人士喜愛的日經新聞的超人氣內容之一。

在這個傳統式的連載專欄上寫自傳可以說就是成功者的證明。事實上，到目前爲止，是有很多成功人士說出了自己的人生歷程。包括松下幸之助、田中角榮、長嶋茂雄，還有前英國首相柴契爾夫人（Margaret Hilda Thatcher）、前美國總統喬治・布希（George Herbert Walker Bush）、彼得・杜拉克（Peter Ferdinand Drucker）等不分國內外，名聲廣爲世人熟知的大人物們。

〈我的履歷表〉爲什麼如此受到商務人士的支持，連載長達五十六年以上？算起來一年會有十二個人上報，然而，讀者未必會對每個人物都有興趣吧？

其實，一開始我對國外的政治家也完全沒有興趣。然而，在有一搭沒一搭地閱讀當中，漸漸地就進入狀況了。

至於讀者爲何可以這麼有耐心地持續閱讀內文長達一個月的時間而不會感到厭膩？說穿了就是因爲每一段故事都充滿了波瀾萬丈的起伏變化。

人生當中自然有高低起伏，所以，自傳的內容一定會提到「人生當中的危機」。我們甚至可以說，如果故事當中沒有驚濤駭浪的要素，人生或許就不能算是充實了。有趣的是，**成功者的人生通常都有許多的起伏，失敗的格局也大於常人**。

此外，在閱讀的過程當中，我經常會產生「眞的是這樣嗎？」的疑問，這也是不爭的事實。「爲什麼每當陷入如此嚴重的危機時，都會那麼剛好有救世主出現呢？」「反正說穿了，打一開始他就天生好命，所以最後總是會否極泰來吧？跟我畢竟是不一樣的。」我經常會有這種想法，所以在採訪成功的創業者時，我試著把這個疑問丟給對方。

我的重點是，人生不該這麼順利吧？

然而，將來可能會出現在〈我的履歷表〉中的那位創業者卻給了我一個意想不到的答案。

「確實是不可思議。一陷入困境，就會有人突然出現伸出援手。」

該創業者繼續說道：

「經常有人說『如果想要成功，就算要把門撬開也在所不惜』，然而我不這麼認爲。我覺得門是自然開啓的。因爲我實際體驗過，所以再清楚不過了。那麼，該怎麼做，門才會自動開啓呢？那就是，**對於眼前的工作不可敷衍了事，不管失敗幾次，都要努力投入其中**。如此一來，門扉自然就會開啓。」

他的話語中有著讓人不由自主地會被說服的力量。可是，爲什麼不管失敗幾次都還可以拚命投入其中呢？許多人遇到的瓶頸就在這裡。創業者繼續說道：

「這跟是不是樂觀地看待將來？是不是有自己想實現的目標有很大的關係。**對將來感到悲觀的人不管現在做什麼都會感到不安，所以不會動手去做**。如果沒有想實現的目標，興趣就很容易會轉移，如此一來，不管做什麼事情都無法長久持續。然而，**如果對將來有樂觀的期待、有目標，那麼就算遭遇重大的失敗，也可以再度自我振作，往前邁進**。」

聽完這一席話之後，我開始抱著誠摯的心態閱讀〈我的履歷表〉。我也開始思索著，所謂的失敗，是不是可以確認「自己鎖定爲目標的事物」是否就是「眞正想做的事物」？也就是說，阻擋在目標之前的高牆不正是測試我們有多想要達成該目標的機會？

機降臨呢。」

但是我個人認爲，這樣的心理防衛機制才是重要的部分。成功的人們都很有勇氣走過橫架在人生的成功和失敗之間山崖上的鋼索，企圖克服心理防衛機制。看起來，還是有很多人的天生條件並沒有特別地好。正因爲現狀不佳，所以才想要跳脫出來，改變現狀，而這種想法正是通往成功的推動力。

也許他們的成功人生就是因爲不斷的失敗，就是因爲向人生不確定的風險挑戰，所以才能達成目的吧？這就是我對成功的前輩們崇敬有加，想拿他們的生活方式做參考的理由。

高中畢業之後就一步一腳印地努力，成爲代表日本的建築家，同時擔任東大教授的安藤忠雄在二〇〇八年發行的自傳《建築家安藤忠雄》當中有這麼一段話：

有人極度嚮往華麗的成功故事，那全然都是一種誤解。我在封閉的、保守的日本社會當中，缺乏任何後盾的情況下，靠一己之力成爲建築家，可想而知，事情的運作當然不會一帆風順。總而言之，從一開始，很多事情就都不盡如人意，不管做什麼事，大部分都是以失敗告終。

儘管如此，我還是把一切賭在殘餘的一點點可能性上，專注地走在黑暗中，**當抓住一個**

小成功之後，繼續朝著下個成功繼續前進——就這樣，我緊抓這些小小的希望之光，努力地求生存，這就是我的人生。我總是在逆境當中，在可望克服障礙的地方找出活路。

所以，即便想在我的生涯中找到些什麼，那也絕對不會是藝術方面的優秀資質。要眞有什麼，我覺得那就是面對嚴峻的現實也絕不放棄，堅強地想要求生存的與生俱來的頑強生命力。

如果想在人生當中尋找「光」的話，就先要確實地看清楚眼前痛苦現實的這個「影」，然後想辦法加以克服，懷著勇氣往前進。（略）

我認爲，對人而言，眞正的幸福不是存在於「光」之下。遠遠地看著那道光，朝著光努力前進，在這段專注投入的時間當中，人生才是充實的。

各位啊，想要成功，首要之務就是面對嚴峻的現實，永遠不放棄，往前邁進吧，因為失敗會成為前進時所需要的推動力。

勇敢金句

送給怕失敗的你

★只做預定好的計畫、不會出錯的工作，是不可能有所成長的。

★對於眼前的工作不可敷衍了事，不管失敗幾次，都要努力投入其中。

★對將來感到悲觀的人不管現在做什麼都會感到不安，所以不會動手去做。

★人之所以不會失敗，那也正是沒有向極限挑戰的證明。

★為了迴避一時的負面狀況而逃離失敗或挫折，會讓我們失去自我成長的機會。

★要得到突破，需要時間，而且是「低迷而漫長的時間」。

第2章

從自卑中找到成功的契機

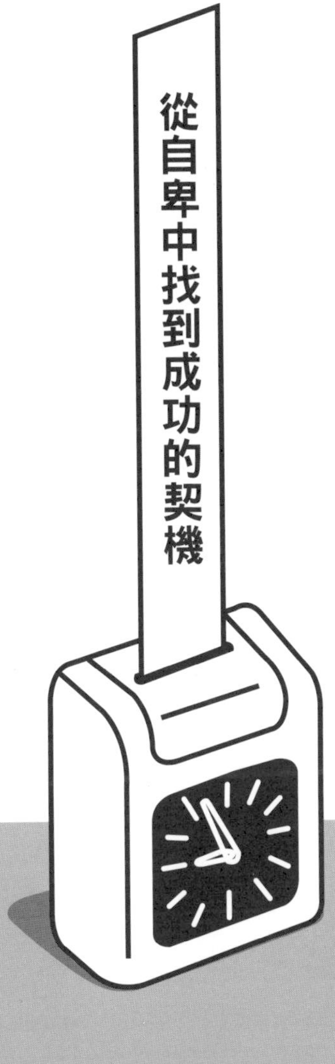

第二章將介紹考試或就業、新進員工時代的生涯起點就遭遇過「失敗」的社長們。希望那些認爲自己與在歷史上留名的商場人士天分不同，而不戰而降的人先閱讀本章節。這些精英份子其實也不是從一開始就一帆風順的。有人家境貧寒，有人身患重病，也有人無法如願地過正常的生活。更有人考試失敗、就業不順。這個時候，他們是如何應對的？

讓我以一句話來解答吧，那就是「不氣餒」。**他們不會慨歎自己的遭遇，一直處於沮喪當中。即便一時會情緒低落，也不會讓這種情緒絆住腳步**。他們的思考基準是，如果這是上天給予的境遇，那也只有欣然接受，然後從這個點開始出發，採取行動。如果置身於充滿負面條件的場所，那就努力奮戰，好讓自己能夠轉換到有正面能量的地方。

重要的一點是，即使置身於在旁人眼中看似相當嚴峻的狀況當中，他們也一樣面不改色。**立刻切換自己的情緒，以期能夠適時地順應狀況，重新設定自己的狀態，反覆採取歸零的行動**。他們就是這樣找到新的解決方法。

跌倒了再爬起來，跌倒了再爬起來，不斷地往前進。他們這種彰顯了成語「七起八落」含意的生存態度其實是非常帥氣的。

Chance 01

◎

擁有「自己的目的」，懷抱著「無論如何都得工作」的強烈危機感。

阪急集團創始人

小林一三

混日子的男人成為「自立門戶」的先驅

有個男人從大學名校畢業，到一流企業工作，卻無法從工作當中找到價值，有時候甚至沒去上班，四處遊蕩混日子。這個讓人忍不住想抓來說教一番的年輕人，正是阪急集團的創始人小林一三年輕時的模樣。

私鐵*是日本人每天理所當然地搭乘的通勤工具。舉例來說，東急東橫線的起點站澀谷

*注解：日本的私鐵，通常指私有鐵路或民營鐵路，又稱民鐵，是指由私人企業經營的鐵路運輸系統。

站，除了有東急百貨等的商業設施之外，還有東急集團的飯店和辦公大樓，而港未來線實質上的終點站元町・中華街車站，則有著東橫線的觀光地機能。住在東橫線沿線的使用者在平常日會前往都心地區工作，假日則可以前往觀光地遊樂。沿線還有大學和高中，超市和商店街、住宅區連成一氣。也就是說，在一條地鐵建構起來的世界當中，我們可以過著滿足各方面需求的生活。

鐵道公司的目的完全在於如何增加沿線的居民數量、提高鐵道的使用率。應該有很多人知道這是現在私鐵的基本商務模式吧？有趣的是，這種目前通用的經營手法是由一個私鐵經營者所創造出來的。

扮演領頭羊角色的公司跟每隔幾年就來個大轉變的網路世界一樣，事實上，明治時期的鐵道事業也是由風險投資公司的社長所引領的最尖端商務。從鐵道商務誕生的明治初期到昭和時期，有各種不同的人投入其中，各式各樣的商務模式都被嘗試過了。在群雄紛起的情況當中，結果快速掌握有限的土地或特權，據地爲王，召集大量人群入住，創造附加價值的手法就成了使鐵道商務成功的模式之一。

立刻掌握這個特性，及早看出都市和鐵道之間的相關性人物正是成立阪急・東寶集團（現・阪急阪神控股公司）的小林一三。阪急電鐵在梅田成立了阪急百貨和東寶劇場，在沿線以寶塚劇團爲中心，建設了劇場和遊樂場，在阪神間發展出芦屋和御影等高級住宅區。這一切全都出自小林一三的創意。事實上，前面提到的東急也是模仿小林一三所創造出來的商務模式，投入許多商務領域，擴大整個集團的。對日後許多經營者造成巨大影響的小林一三是足以代表日本經營史的實業家。

那麼，現在爲什麼要提到小林一三呢？那是因爲他是明治時代所謂的自立門戶、創業的初期模範角色、先驅。現在，離開大企業自行創業也是一種途徑，如果將他拿來放在目前的環境當中，他等於是離開大企業，創立網路事業的前上班族了。而且這裡有一個有趣的重點是，相對於現在立志要創業的年輕人們不是到過歐美的商務學院取得ＭＢＡ學位的優秀上班族，要不就是大企業裡的精英份子，他以前卻不是一個被視爲可以託付未來的優秀員工。

感覺不到工作價値的「西裝男」

小林一三於一八七三年出生於山梨縣。老家家境很富裕，從慶應義塾大學畢業之後到三井銀行就業，以一般世俗的眼光來看，也許他是被歸類爲精英行列的一份子。然而，當時的上班族很少，適合讓高級學校畢業的學生就業的大企業也不多。幾乎都是在中小型的商店從小學徒當起，這是一般的就業主流。

小林一三在銀行或商社已經誕生的近代商業興盛期從事當時相當罕見的上班族工作，然而，當時的銀行業務不似現在那般洗練，工作的內容多半只是透過私底下的門路進行金錢上的融資，以及參與宴會，託人介紹人脈等。工作量當然也不多，他就這樣過著悠閒自在的日子。

他本來是個文藝青年，想進報社寫些小說，所以進三井銀行工作這件事並非出於他本意。因此，他並沒有認真地投入工作當中，結婚之後不久就因爲男女關係的問題而離婚，所以在公司內部遭到冷漠的待遇，就這樣一天過一天。針對這段非出於他本意的日子，在《小林一三日記》中，他留下了當時的心情寫照。

「十二月八日　雨　今天領到獎金，立刻拿去還債。傷腦筋啊！得趕快存一大筆錢才行，否則就無法達成自己的目的了，這可一點都不好玩。首要之務是錢。」（明治三十五年，虛歲三十歲）

「一月四日　晴　到銀行上班，可是實在太閒了，看看報紙就回家了。以這樣的上班方式來領薪水實在可悲。無論如何總是要工作（略）如果調查員的改造（引用者注・改變工作的方法）眞的那麼困難的話，無論如何，就該努力讓自己表現得像是不工作不行的樣子。」（明治三十九年，三十四歲）

日記中可以看出他的苦惱。在一月四日的日記當中，之後又寫到，下班途中，去買了油炸馬鈴薯點心，而且還寫著「好好吃的點心」。日記中的其他日子裡也寫下，在下班途中順道去銀座買鳳梨的事情，如果他活在現在，一定會被稱爲悠閒西裝男吧？

時而蹺班，到處閒晃的不及格上班族——小林一三在三十四歲時終於離開了三井銀行。說穿了，他好像跟三井銀行合不來。後來，他在慶應義塾大學的學長，擔任三井銀行高階主管的池田成彬也這樣批評他：「小林是個不成器的職員。」

跳脫多年的痛苦鬱悶後成功

小林一三離開了沒有自己立足之地的三井，尋找可以明確地給他正面評價的工作。據說，他之後又轉換了二次工作，才經朋友介紹，進入了鐵道公司。鐵道公司也不是他原本的目標，說他是無路可去，好歹找到安身之處還比較恰當些。

而且，他進入的鐵道公司也是個殘敗不堪的公司，沒有其他人手，只有他可以算是派得上用場的人。他處於這種不穩定的狀況當中，拚命地思考點子，像個想要讓破敗的公司重新站起來的創業家努力工作，參與了各種不同的業務。譬如在神戶線開通時，面對乘客稀少的空蕩狀態，他順勢推出了「乾淨明亮、視野清晰、涼爽無比的電車」文案來吸引乘客；爲了吸引客人上門，他企劃了適合女性和兒童的活動，建造溫泉、動物園等娛樂設施等，相繼打出其他公司沒有著力的措施。**這一連串的點子都是以逆轉式的發想，從艱苦的狀況當中衍生出來的。**

小林一三不是所有權經營者，他是在五十歲之後才眞正地確立了社長的地位，率領整個集團。一路走來，過程似乎不輕鬆，好幾次他都懷著苦悶的心情走在梅田車站和池田車站之間。他的親屬表示，他懷才不遇的時期相當漫長。

小林一三的起點是上班族，卻在起點就栽了跟斗，之後也遲遲無法發揮他的本領。幾年之後，之所以能找到一條活路，就如他在日記裡面所寫的，**擁有「自己的目的」，懷抱著「無論如何都得工作」的強烈危機感**所致。正因爲跳脫了長達十幾年來，讓人難以忍受的鬱悶，克服了多次的痛苦時期，他才能名留青史。

Chance 02

帶著永遠考不上第一志願的自卑感，將人生賭在自己最喜歡的事物上。

SONY創始人

井深大

SONY和本田的差異

就算沒能進入第一志願的公司就業，也不需要一直感到悲觀。因為這樣的失敗在幾年後也許會成為讓人生獲得大成功的契機。

說到SONY，它是戰後復興的風險企業象徵，是帶領日本的先驅，非常受到大眾歡迎。雖然毀譽參半，但是卻創造出了盛田昭夫、大賀典雄、出井伸之等明星級的經營者，是日本在戰後率先確立全球化企業地位的公司。

這個「世界的SONY」的創始人就是井深大。以現今的環境來說，他可以說是創立風險企業，理科出身的名門少爺。

事實上，井深大的親生父親是在大財閥古河礦業工作的精英上班族，而岳父則是文部大臣前田多門，而因《錢形平次捕物控》而出名的作家野村胡堂也從小對他照顧有加。他的創業夥伴盛田昭夫是愛知的製酒公司小開，另外，田島道治（前宮內廳長官）、萬代順四郎（前三井銀行會長）、石橋湛山（前首相）、石坂泰三（前經團聯會長）等身爲當時的日本既有體制勢力的人們則分別擔任剛剛誕生的SONY董事、股東、顧問等，說起來，以一個風險企業來說，SONY可以說是有著非常優秀的發展環境。他們的存在不但可以推動商務，檯面下應該也都具有相當的影響力。和經常被同時拿來評比的本田創始人——本田宗一郎的創業條件實在是有著天壤之別。

井深大是在戰爭結束的一九四五年成立SONY的前身東京通信研究所的，隔年改制爲股份有限公司，更名爲東京通信工業，他以專務的身分負責實質上的經營業務，時年三十八歲左右。之後，公司發展地非常順遂，SONY品牌構築起了世界性的地位，但是此處我要把重點聚焦在井深大成功之前的經歷。

沒考上第一志願的轉捩點

井深在一九〇八年出生於栃木縣。父親過世之後，母親再婚，他從神戶一中（現・神戶高中）、早稻田大學第一高等學院畢業，之後進早稻田大學理工學部就讀，求學的過程在旁人看來是順遂無比的。

然而，就業時，他卻經歷了重大的「失敗」。他沒能進入第一志願東芝企業。這件事對他日後的人生產生了重大的影響。不管是現在還是以前，到大企業就職是許多年輕人最大的願望。對井深而言，受到的衝擊一定很大吧？

回頭想想，對他而言，從某個意義來說，考試的結果或許也可以說是「失敗」的。當時，人們以就讀國立學校爲第一志願的傾向非常強烈，舊制國中*畢業之後，進入通往東大捷徑的高中就讀正是精英的證明，然而井深在舊制浦和高中和北海道大學預備科的考試中都落榜了。

*注解：舊制國中，是指日本戰敗前（一九四五年），日本設於日本本國及台灣、朝鮮、中國東北、南洋諸國、太平洋之群島等殖民地對於男子所設中等學校，大多是給殖民地及日本本島的日本男子就近升學，當然也有少數的當地人。

也就是說，井深在舊制國中畢業之後，一直沒能考上第一志願。這個事實讓他產生自卑感也不是不可思議的事情。他的創業夥伴盛田是從舊制八高*一路前進大阪帝國大學理學部、海軍技術中尉的精英。另一方面，井深不管是在考試或就業方面都沒能如願進入第一志願，所以，說起來，這兩個人的人生路程有著微妙的差異。井深日後這樣說：

「我在進ＰＣＬ之前，有人要我去參加東芝的就職考試，我也去參加了，卻落得慘敗。這絕對是學生時代的學習有所偏頗所造成的結果。因爲覺得，既然不能進入第一志願的東芝，那最好是到可以徹底地發揮自己的才能的地方就業，所以我就下定決心進了ＰＣＬ。」

（〈我的履歷表〉）

找到自己真正喜歡的事業

當初雖然沒能進到第一志願的東芝就業，井深並沒有因此而灰心喪志，反而趕緊轉換方針。在朋友的介紹之下，他進了東寶電影東京攝影所的前身——ＰＣＬ（Photo Chemical Laboratory）工作。

＊注解：舊制八高，是指日本舊制第八高等學校。

公司的業務是電影影片的顯像和錄音。當時的電影正值從所謂的無聲活動相片轉變爲有聲現代電影形式的時期。因爲和電影有關，所以公司的規模雖小，卻有機會和演員們交流，從某方面來說，是相當熱鬧而新潮的職場。井深年紀輕輕就有著身負重大責任的地位，開著當時難得一見的汽車四處招搖，他像一般年輕人一樣地享受生活。

然而，身爲一個有志從事技術開發工作的人，電影似乎與他的職志不符，於是三年之後，井深就轉換跑道去日本光音工業。因爲當時還在戰爭期間，公司受到陸海軍的委託，致力於無線技術的開發與確認。

一九四〇年，井深以常務的身分參與和軍事相關，一家叫日本測定器的公司的創設工作。也就是說，他經歷了兩次的工作轉換，雖然在戰時，但大學畢業而不斷轉換工作的人少之又少。

井深從此開始創業，當時他已經超過三十五歲了。同一世代的人在這個時期都已經在大企業裡擔任高階的職位，人生的設計藍圖也正在成形當中。雖然有來自親人或朋友等既成體制的支援，井深還是賭上人生，開始創業。

考試或就業失敗，失去自己所懷抱的職志的人也不在少數。連罕見的創業家井深都要花上一段相當長的時間，才找到可以做自己想做的事情的場所。

井深與本田的創始人本田宗一郎有著深厚的交情。可能是因爲兩人都是工程師，興趣相通吧？他們就是非常單純地喜歡把玩機械。

與其說他們想透過商務賺大錢，想出人頭地，不如說，他們是想透過自己本身的技術，創造出世界上所沒有的東西，想讓世人爲自己拍案叫絕。這兩個人在這方面就有著如此強烈的信念。

如果想把人生賭在什麼事情上，那就賭在自己真正喜歡的事物上。而實現了這個觀念的井深，他的人生肯定非常幸福。

Chance 03

即使家境貧窮、健康亮紅燈，還是抱持一定會通往成功的熱情。

京瓷創始人

稻盛和夫

超級社長也曾經面臨一連串的失敗

除了井深大之外，一樣在考試或就業活動中失敗，卻將這種不順遂的遭遇轉變爲能量的還另有其人。那就是被許多商務人士視爲超級神人的稻盛和夫。

他以身爲京瓷的創始人而聞名，但是同時也創立了ＫＤＤＩ，幫助曾經破產的日本航空重生，以創業人的身分活躍於各個領域。除了支援學者、文化人士、藝術的稻盛財團、培育次代經營者的盛和塾的營運之外，還和美國ＣＳＩＳ（戰略國際問題研究所）共同舉辦會議、捐款爲京大、九大、鹿兒島大設立紀念設施，提供社會福利設施等。在日本，鮮少有經營者會如此多面化地爲社會活動提供貢獻。他和政界的交流管道也很暢通，然而另一方面，他也在臨濟宗妙心寺派圓福寺受在家得度之戒。在現存的創業家當中，他也算是構築了一個特異的地位吧？

此外，他的著作也極其多樣化。包括闡述自家公司的經營手法《阿米巴（amoeba）經營》的商務用書、和五木寬之、瀨戶內寂聽、梅原猛等文化人的對談書、陳述領導論和生存論的思想書籍……只要到大一點的書店去，應該就可以看到書架上擺滿了稻盛的著作。他是一個知名度高到堪稱是第二代松下幸之助的經營者。

他是一個幾乎涉獵了所有領域的成功經營者，但事實上，在他年輕的時候，他也吃足了「失敗」的苦頭。

質疑自己真的一事無成嗎？

首先，稻盛的家境貧寒，又身罹疾病。他於一九三二年出生於鹿兒島縣的印刷業者家，排行二子，但是親生家庭在戰後跌落貧窮的谷底。在貧困當中掙扎求生之際，禍不單行，他罹患了結核病。因病而在瀕死邊緣徘徊的稻盛此時和一本書有了命運的邂逅。那就是生長之家的創始人——谷口雅春的著作《生命的眞相》。對書中的想法產生強烈感受的稻盛開始投注所有的心力在「生存的哲學」上。

針對「自己是如何生存的?」這個命題，稻盛可以說比同世代的人更有自覺吧?也許正因爲身陷困境，所以才讓他有這樣的想法。

然而，神明還是沒有眷顧跌到谷底的稻盛。考試時，他沒能考上第一志願的舊制高中，之後也沒考上第一志願的大阪大學醫學部。最後只好進鹿兒島大學工學部就讀，而日後就業時，他也沒能進入第一志願的帝國石油工作。感到極度沮喪的稻盛心想:「不如就去當個流氓吧!」於是便在當地的幫派組織裡來來去去，企圖壓抑無處可發的情緒。

結果，他的第一個工作是京都的礙子製造廠・松風工業。所謂的礙子是避免電流流進電塔或電線杆的絕緣器具。然而，該公司的營運狀況非常低迷，甚至會遲發薪水，員工也相繼離職了。連稻盛也對這樣的公司感到失望，心想:「這種爛公司，我還是趕快離開得好。」(〈我的履歷表〉)。最後，他甚至向自衛隊的幹部候補生學校提出申請。他到伊丹的駐紮地參加考試，也通過了考試，但是在辦理入學手續時出了個差錯，結果沒能進入自衛隊。然而，這一切也許變成了轉機。稻盛轉換自己的心態，重新回到那間「爛公司」，致力於陶瓷的重新開發。

然而，情況並沒有立刻就好轉。這一次，他跟上司之間起了嚴重的衝突，雙方對峙互不退讓。於是他跟夥伴們相繼離職，成立了京都陶瓷，時間是一九五九年，正是皇太子明仁親王成婚之年。

此時他二十七歲。在這之前，稻盛可以說從來沒有從工作中得到滿足自己的感受吧？這段時間對他來說，應該是相當辛苦的，慨歎自己總是無法達成目標也在所難免。難道我眞的一事無成嗎……

沒有熱情就沒有成功

然而，也許是神明的眷顧吧？之後，稻盛就步上了通往成功之路了。

他在五十歲之後，名聲開始爲世人所熟知。一直到邁入八十歲的現在，稻盛仍然站在工作的第一線上統籌指揮。

目前，稻盛成了一個所謂的超級經營者。但是，私底下拜訪他時，卻可以發現他是一個嘰嘰喳喳愛說話的好爺爺，跟「超級」這個形象實在大相逕庭。我從來就沒有看過他在與人交談的過程中企圖強行推銷自己的主張給對方。然而，與他近距離接觸時，他又自然地散發出一股威嚴感，讓人莫名地感到緊張。

把他推上目前這種地位的，可想而知當然是許多辛苦和失敗使然。在他年輕的時代，處於充滿封閉色彩的環境當中，懷抱著希望總是無法實現的抑鬱感，這段期間一定讓人很難以承受。

然而，也正因爲如此，後續的逆轉攻勢才會有如此之大的槓桿效應吧？包括《通往成功的熱情PASSION》在內，陳述人生成功過程的著作總會讓人感受到稻盛對成功的執著。事實上，如果沒有這般強烈的執念，他應該就無法成爲一個成功的創業家了。

經常有人說：「金融市場的商人當中，能夠屹立到最後的都是在貧困家庭中成長，踏踏實實努力過來的人。」可能是因爲這種人對金錢的執著非比尋常吧？稻盛有現在的成功，應該對年輕時持續失敗的經歷充滿感謝之情。因爲，若非有那麼多的失敗，他就不會保有造就現在的成功執念了。

Chance 04

一直到死亡之前，不斷地經歷失敗和挫折，總是有辦法化危機為轉機。

RICOH創始人
市村清

創立了RICOH集團

說到銀座有名的大樓，那應該就是SONY大樓或日產的銀座藝廊、精工集團的和光大樓吧？大型廠商們為了彰顯自家公司的品牌，都爭先恐後地在高級地段擁有商辦大樓。當中還有一棟有名的大樓，那就是位於銀座四丁目十字路口，聳立在日本地價最高的商業區的「三愛大樓」。

也許很少人知道，「三愛」跟「RICOH」隸屬於同一個集團。RICOH以影印機，三愛以成衣銷售而聞名，然而不僅止於此。「RICOH三愛集團」是一個集結了不同業種的複合企業集團，包括RICOH、銀座的三愛、供應羽田機場飛機燃料的「三愛石油」、時鐘・氣量計等精密機器的「RICOH ELEMEX」、供應可口可樂、喬治咖啡等清涼飲料的「Coca-Cola West」等。創業者是於一九六八年過世，享年六十八歲的市村清，他是個作風獨特的經營者。他也是曾經多次遭遇失敗和挫折的創業者之一。雖然距離現在已經有點久遠了，但是堪稱是一個就算失敗了，只要修正軌道，也可以開啟人生道路的範本，我將以下方的章節來闡述他的人生。

載浮載沉的青春歲月

市村於一九〇〇年出生於佐賀縣。進了當地的升學學校就讀，後因經濟困頓，以至於中途輟學。市村的苦難之路從此開始。輟學之後，他靠著賣菜維生，十六歲時被錄取，進了當地的銀行做實習生。從此他心生一念，北上京城，進了中央大學法學部的夜間部就讀。但是也只讀了兩年多就輟學，之後到中日合資的銀行工作。

第一次世界大戰之後，由於列強的殖民地政策，中國上海的景況非常活絡，市村也在上海的分行擔任會計人員。然而，一九二七年遇到金融危機，他上班的銀行倒閉了。二十七歲時，他進入富國徵兵保險（現・富國生命），被分配到熊本分店當營業員。但是，兩年後就辭職了。光看他二十歲的人生就會發現，他一直沒能完成學校的學業，至於工作的公司不是破產就是轉換工作。由此可知，市村的人生並不是平穩順遂的。

即便在接近三十歲的時候，他也遲遲沒有穩定下來。辭掉壽險業務工作的市村拿到了當時日本國內最大的研究機關——理化學研究所所發明的理研正片感光紙的銷售權，二十九歲時自立門戶。因爲業績提升而受到好評，被拔擢爲將理化學研究所發明的技術商業化，理化學興業的感光紙部長。然而，因爲他以三十三歲的年紀就身居要職，引起四周人的嫉妒，不斷地爆發衝突。

此時有人伸出了援手。那就是將市村帶進理化學興業的大河內正敏。他從東大教授轉任理化學研究所的所長，成立理化學興業，是一手創設名爲理研聯合企業的企業集團始祖。大河內看出市村有長才，遂讓感光紙部門獨立出來，創立理研感光紙，由大河內擔任會長，市村則擔任專務參與企劃。

這個公司後來就成了現在的ROCOH三愛集團之始。之後，在市村四十二歲時，與恩人大河內起了嚴重的衝突，他打算離職，也不知道什麼原因，大河內還親自給了他建議，計畫讓公司完全獨立爲理研光學工業。

戰後，市村判斷，服務業掛帥的時代即將到來，遂以「愛人、愛國、愛工作」的三愛主義爲宗旨，設立了三愛。在取得目前的據點銀座四丁目的土地所有權之後，便開始了成衣專賣店的事業。之後，又取得羽田機場的供油權，成爲租賃業的先驅，參與日本租賃（一九九八年經營出現缺口，轉型爲CE Capital Group）的策劃。

市村一直到死亡之前，不斷地經歷失敗和挫折。在他過世的前幾年，他還投入RICOH的重整工作，當時花了兩年半的時間就創造出成果。

市村的信條是：「人們所選擇的道路背後有其他可行的道路和滿山的鮮花。」不景氣的時候才是攻城掠地的時機。如果景氣好，就默默地銷售東西。因爲不能隨著不景氣而浮動，所以他傾全公司之力，嚴肅地面對課題，得以從一流的進貨商調到比平常更便宜的材料。於是，他以前沒有被挖掘出來的長才便突顯了出來。**市村的生存方式就是將危機變為轉機，這可以說是他在不斷的失敗當中，不斷地修正軌道而存活下來的訣竅吧**？

Chance 05

沒有傲人的學歷，抱持著「就是要成功」的目標，最後當上證券公司的社長。

立花證券創始人
石井久立花

這樣的人也能成功？

想出人頭地，方法有很多種。

有一個人，曾經以「兜町的獨眼流」爲筆名寫股市報導，後來成立了證券公司。他就是立花證券的石井久先生。一九三八年，他十四歲時就進入現實社會，從軍備工廠的小學徒做起，歷經銅鑼燒店、警視廳警察、黑市商販、專業報紙記者等經歷，最後才落腳證券公司的經營事業。他沒有傲人的學歷。這樣的人卻成了財力雄厚，甚至登上富豪排名榜的有錢人。

他每天的生活模式是這樣的。

「早上六點起床，六點半聽五分鐘左右的新聞，看三十分鐘的報紙。七點半進洗手間，沖個澡，花十分鐘吃早餐。七點二十五分離開家門，八點抵達公司。在股市交易期間，一邊聽收音機的股市實況轉播，一邊工作。晚上的宴會以一攤為限，再怎麼晚，最慢也要在十一點上床睡覺。」（〈我的履歷表〉）。

不斷轉換工作跑道，最後創造奇跡

一九二三年出生於福岡縣。出身貧窮農家，十三個兄弟姊妹當中排行五子。最高的學歷是普通高等小學畢業。順便告訴各位，田中角榮也是同樣的學歷。畢業之後到福岡的軍備工廠工作，後來因為戰爭結束而轉換跑道。他開始想當個不苟求學歷的律師，為了賺到資金，他開店賣起銅鑼燒。生意不錯，好歹也賺到了資金，然而，眞的想要學習當律師，就必須進京去。

當時，為了防止人口大量流向都市，政府有限制遷徙的措施，因為糧食嚴重地缺乏。身邊沒有保證人的石井便去參加警視廳的人員召募，企圖藉此進京。就這樣，他進京當了警察，但是做了幾年之後就辭職了，原因是結婚。本來就有出人頭地的野心的石井心想：「有妻有子太礙事，打算一生保持單身。」（同前），然而最後卻在意想不到的情況下結了婚，使得他的計畫整個改變。嚴重的通貨膨脹使得他之前的積蓄日漸減少，爲了養活家人，結果，他不得不放棄本來的目標——成爲律師。他再度思考轉換跑道的可能性。

接下來，他從事的是戰爭結束之後的限定買賣——黑市商販。他想辦法籌措讓自己可望出人頭地的資金。存了幾個月的錢之後，因爲有熟人跟證券公司有交情，他便成了證券公司的抽佣外務員。

石井在這家公司認識了一號人物。那就是當時以自由經濟評論家而聲名大噪的高橋龜吉。著作有《大正昭和財界變動史》、《昭和金融恐慌史》等，是近衛內閣的經濟智庫，代表昭和時期的經濟學者。

和他認識之後，石井從一九四九年起，以「獨眼流」的筆名，在股市報紙上撰寫報導。因爲這個報導，石井在證券業界的知名度不斷上升，後來成立了一家小小的股市研究所，舉辦演講會等活動。一九五三年，他三十歲時創立了江戶橋證券公司。四年後，收購了可以和東證直接交易的東證正會員公司——立花證券，眞正的陣容於焉整備完成。他是一個不折不扣，從零開始，成功創立證券公司的奇跡般的男子。

戰中、戰後派的生命力

在石井的時代還沒有這種現象，但是現在，大型證券公司出身的精英們，創立新證券公司的例子時有所見。譬如，從高盛（The Goldman Sachs）證券的夥伴身分一變而成爲Monex證券創始人的松本大。他是有名的從零開始，創立證券公司的風險投資創業家。東大法學部畢業之後，從所羅門兄弟（Salomon Brothers）證券轉換跑道到高盛證券，高盛證券被譽爲「華爾街的榮耀」，而他是該公司史上最年輕的工作夥伴。

石井的生存方式看起來像是現在不可能實現的「戰後一代記」。但是，我個人認爲，他的一生絕對不能以一句「老調重彈」就做了結的。石井的目標是：「總而言之，就是要成功。」現在，暗地裡靜待某一天光宗耀祖的時刻會到來的商場人士應該也不在少數吧？然而，有許多人最後也只能悄悄地放棄這個野心。而石井卻不然，他用盡一切方法，努力拚戰，只想揚眉吐氣。銅鑼燒、警察、黑市商販終歸只是他達成目標的手段。**就算失敗，只要有堅定不移的目標，還是可望東山再起的**。

現在，有多少二十、三十歲的年輕人能憑著這麼強大的精神力量求生？生存於戰中、戰後人們的生命力實在是很值得我們學習。

Chance 06

就算人生一再出現挫折，他還是不顧家人的質疑，從危機當中挖掘新點子。

普利斯通創始人

石橋正二郎

放棄讀大學的石橋創立普利斯通

新的事物只能從失敗當中去尋找。

普利斯通是世界第一的輪胎製造商。除了各種輪胎之外，也持續開發腳踏車和高爾夫球用品等品項，是超級優良企業。創始人石橋正二郎是前首相鳩山由紀夫、眾議院議員邦夫的祖父。鳩山家被譽爲是日本的甘迺迪家，大半的資產主要都是石橋正二郎留下來的普利斯通股票。石橋家在東京的據點麻布永坂町雖然位於都心，卻坐落在寂靜的住宅區，包括軟體銀行的社長孫正義的住宅在內，一帶有不少財政界的名人都在這裡購屋落腳。

橫跨政界和財經界的石橋家目前是日本的既成體制勢力。但是，對石橋而言的第一個涉足的商務項目是分指襪一事卻鮮少有人知道。人們永遠不會知道，一個人的人生會如何轉變。而且，他最初選擇的人生項目是放棄就讀大學的機會。

從分指襪到輪胎製造商

石橋正二郎於一八八九年出生於福岡縣久留米市。老家是縫紉店。從長子繼承家業的觀點來看的話，身爲次子的石橋正二郎的人生選擇比較自由。所以，他一直希望能從久留米商業學校（現．久留米商業高中）畢業之後進神戶高商（現．神戶大學）就讀。可是，罹患心臟病的父親希望他能輔助長兄德次郎發展事業，於是他只好忍著淚水，放棄升學。對於朋友石井光次郎（前眾議院議長、前朝日廣播電台社長）進入神戶高商就讀一事，他曾經表達自己「羨慕」的心情（《我的步伐》）。

後來，兄長被陸軍徵召入伍，石橋正二郎便接下了店裡的一切工作。他根據訂單，裁製西裝或褲子，埋頭苦幹。可是，儘管再怎麼努力，他卻看不到將來性。面對這種狀況，石橋正二郎雖然有挫折感，但還是把重點投注在店裡經銷的商品當中可以量產的分指襪。

他縮短作業員的勞動時間，削減成本，提高生產的效率，下定決心生產分指襪單品。

他這個作爲惹得父親勃然大怒，擔心會破壞之前建立起來的生意，然而，他使用當時難得看到的汽車宣傳方式，還將本來尺寸不同，價格不同的分指襪定價加以統一，結果使得生意大爲成功，銷路大幅地擴展開了。第一次世界大戰的情勢順利發展也等於推了他一把。

可是，隨後迎面而來的便是反彈情況下的不景氣，石橋只得將之前提升的設備等擴大路線做法加以改變。

他思索著，該如何活用多出來的設備？他想到的便是開發專爲勞工製造，耐久性佳的鞋子。當時，勞工穿用的鞋子主要是草鞋，這種鞋子不耐穿。石橋便開發出了在分指襪的底部裝上橡膠的實用性橡膠底分指襪。他再度抓住了可以讓業績呈飛躍性成長的機會。

新點子通常來自於急迫的危機感

石橋的事業野心並沒有就此打住。他把目光轉移到汽車輪胎這個橡膠工業的成長領域上，打算使其國產化。他從國外進口製造機械，一九三〇年試做了第一號輪胎。隔年創立了普利斯通。然而，一開始技術並不純熟，在他投入這個事業之後的三年多當中，退貨數量就達到十萬個之多。要不是他堅信汽車輪胎有其將來性，否則就無法在技術上繼續精進了。順便告訴大家，公司的名稱普利斯通（bridge stone）是將「石橋」的「stone bridge」倒過來命名的。從這個地方就可以看出石橋想做出行銷全世界的輪胎品牌的雄心壯志了。

之後，隨著國產汽車的開發，國產輪胎也跟著發展。順便要說明一下，日產的跑車Skyline是石橋在資金和經營方面都有參與的王子（Prince）汽車工業的品牌。一九六六年，王子被日產吸收合併，石橋便順理成章接下了業務。日產有一個時期還被稱爲「國民車」的Skyline的催生者。

石橋在許多領域都留下了足跡，然而，如大家看到的，他的成功是從放棄想要進大學就讀的那一刻開始的。從分指襪到橡膠，再前進到輪胎事業的過程來看，他的創意都是從危機感當中挖掘出來的。**若要問什麼時候能找到新點子，或許就是在距離順利和成功有一大段距離的失敗或挫折的漩渦當中。**

Chance 07

不斷從失敗中擬定戰略，產生新的活力和信念，然後重新再出發。

GE公司前會長

傑克・威爾許

帶有個人色彩的做事方法

總而言之，當眞正的自己是很重要的事情。以下介紹一個可以讓我們知道「表現自我是通往成功捷徑」的實例。

在我們所處的社會當中，有些企業因爲有優秀的經營手法而搏得世人的尊敬。譬如，豐田汽車的「招牌方式」或京瓷的「阿米巴經營」、7—11的「單品管理」等都是許多企業據以做爲研究、模仿的對象。甚至連哈佛商學院（Harvard Business School）的case study都拿來做爲教材。而GE公司（General Electric）（以下簡稱GE）的「六標準差」（six sigma）的品質管理手法堪稱是這些方式的海外版。此外，GE的「選擇與集中」或「拋售無法穩居世界第一、二位的事業體」的想法，也獲得日本大企業的經營者們的尊敬，對他們造成很大的影響。

提出GE管理法的人就是被視爲傳說中的經營者傑克・威爾許。目前他雖然已經退休，在美國國內卻依然有著重大的發言分量，是一個具有神奇傳說的經營者。以前曾經與威爾許有過接觸的藤森義明（前GE副社長）說：**「威爾許不論到什麼地方去、不管吃什麼東西，都偏好一流的事物。」**給人強烈的印象。正因爲被視爲傳說中的經營者，所以在性格和做法方面也都有強烈的個人色彩。

「聽到他喜歡的事物，他就會眼睛發亮，給對方一個溫暖的微笑，但是，要是有人說些五四三的話（這是威爾許偏好使用的措詞），他就會露出嚴峻冰冷的表情。平常他幾乎是不動聲色的，但是一旦感情爆發時，說話的方式就像小孩生悶氣一樣。（略）他會不斷地打電話給員工，到全世界各地的GE營業所去造訪，和財務專家或幹部，以及媒體（還有作者我）促膝長談。每天晚上，他會到康乃狄克州費爾菲爾德（Fairfield）的GE總公司去，待到最晚，關掉所有照明（當然是GE製品）的電源之後才離去。」（《威爾許——將GE變身為最強企業的傳說中的CEO》）。

威爾許是個優秀的經營者，另一方面卻又很簡單地將人做區隔，他這種經營手法當然也遭到許多批評，因為他總是保持公司表面的形象和名聲，卻大肆摧毀內部的人和，甚至搏得「中子傑克*」的稱號。

請做你自己，表現你原來的樣子

這樣的人也並非一開始就是充滿霸氣的商務人士。

出生於一九三五年的威爾許從小就為口吃所苦。他從麻州大學畢業進了伊利諾大學取得博士學位，在進入GE之初，他只是個技術人員，不像其他著名的經營者那樣，在哈佛大學或史丹佛大學等超級名校取得MBA學位，也沒有在麥肯錫公司或波士頓諮詢公司擔任經營諮詢，磨練過管理的技巧。GE是由愛迪生和其他人一起創立的名門企業，威爾許雖然在裡面上班，卻有好幾次都想要轉換跑道到可以活用他專攻的化學領域企業去。順便要提一下他個人的私生活，他離了兩次婚。

* 注解：《財星》雜誌給了他「中子傑克」（Neutron Jack）的稱號，批評他不顧GE員工的死活，讓GE公司像是遭到中子彈攻擊，只留下辦公室的空殼。

那麼，他是如何學會管理知識的呢？答案是從「失敗」當中。

威爾許的成功背後累積了許多的失敗。他非常地肯定失敗這件事，甚至還給失敗了的員工報酬。因爲如果害怕失敗，就不敢挑戰了。

威爾許給了上班族這樣的訊息。

「總而言之，請做你自己。不要粉飾自己、用心去吵架、拚命地工作、打從心底笑出來、去體貼他人、表現出你原來的樣子。」

他又給了以下的建議。

「真正的成功者會從失敗當中學習，重新擬定戰略，從中產生新的活力和信念，然後重新出發。」（以上摘自《PRESIDENT二〇一十年一月十八日號》）

透過失敗，接近成功。如果只因爲不想失敗而不採取行動，就會一無所獲，失敗才是通往成功的捷徑。不怕失敗的威爾許成了GE史上最年輕的CEO，時年四十六歲，他的成就彷彿爲大家印證了這段話。

Chance 08

高中考試落榜三次後，從此貫徹不強出頭的「老二哲學」。

石川島播磨重工業前社長
土光敏夫

質樸簡約的財經界大人物

有時候做人還是要謙遜點，就算自己因此落後了一步，也不至於會有太負面的影響。

現在認識土光敏夫的人恐怕很少，但是以前「指標土光先生」是無人不知、無人不曉的人物。曾爲財經界頂端的經濟團體聯合會會長在平凡的自宅裡吃簡樸早餐的樣子，透過NHK的播放，使得許多人對土光的人生態度產生了共鳴。

事實上，他的生活方式從頭到尾都貫徹簡樸的精神。他不喜歡打高爾夫球，也不喜歡豪華餐宴。凌晨四點起床，窩在棉被裡看書，之後到佛堂去誦經，然後外出散步，在庭院裡空揮木刀，吃過早餐，於六點半出門上班。他的收入幾乎都捐給他設立的私立學校。假日則在庭院或田裡翻土除草，像古代的武士一樣，凡事都以質樸簡約爲上。

就業選擇「最後被留下來的企業」

石川島播磨重工業社長、東芝社長，而且歷任經濟團體聯合會會長和財經界要職的士光於一八九六年出生於岡山縣。畢業於東京高等工業學校（現・東京工業大學），事實上，他在參加縣立岡山中學（現・岡山朝日高中）的考試時曾經落榜了三次。在不得已的情況下，只好進私立關西中學（現・關西高中）就讀，之後，一邊當代課老師，一邊當重考生，一年之後，終於通過了東京高等工業學校的考試。

就業的時候，在眾人一窩蜂地往政府機關或財團派系的企業裡鑽的時候，他卻進了一間叫東京石川島造船廠的小公司工作。不管是現在或以前，東工大的畢業生都很受企業的青睞，士光身爲研究室的領導人卻默默地看著同學們相繼決定了就業機構之後，選擇了最後剩下的公司。**也許是青年時期的一連串挫折，讓士光有了不該老是抱著「我要、我要」的以個人為本位的心態。**

他保持這樣的態度，就業後也不強烈地主張自我，在他偶然地被分配到的渦輪部門度過了漫長的時間。可是，當時日本國內的渦輪技術水準很低，所以土光以專家的身分，有了到瑞士最尖端的企業留學研究的機會。

回國後，他努力推銷國產的渦輪，但是很難讓客戶接受，他也毫不放棄，仍然繼續努力。漸漸地，訂單增加了，他立下了汗馬功勞，於是他被拔擢去當子公司石川島芝浦渦輪的社長。

可是，之後他也被迫要爲公司的資金周轉東奔西跑。他還留下了一段插曲，爲了拿到銀行負責人的融資許可，他對著負責人大喝道：「我準備了便當，決心要跟你耗到天亮！」結果終於得償所願。

也許是無欲則剛的緣故吧？之後，土光被拔擢當上總公司石川島重工業的社長。該公司又和播磨造船廠合併，土光也就成功地成了石川島播磨重工業大企業的社長。不久，由於他的人格受到推崇，被委以東芝的重整任務，最後終於爬上經濟團體聯合會會長，這個財經界殿堂的最高位置。

從土光的經歷來看，他絕對不是那種從熱門部門一路順遂爬升上來的人。在人生起點，考試落榜，就業時也從大企業的子公司開始做起。

即便當上了社長，也依然辛勤工作。成爲大企業的經營者之後，最先著手的一個工作便是重整。我們可以說，他就是因爲承接「沒有人願意接手」的工作，所以才會受到拔擢。

可是，也或許是因爲這樣，土光的誠實正直、謙虛、無欲，還有堪稱無私的行爲才讓組織內部的人們莫不俯首稱臣。一個組織通常不會喜歡好出風頭的人。大企業和創業家相反，偏愛經歷過失敗和挫折，踏踏實實走過來的經營者。至今，這種傾向依然根深蒂固。

打氣名言

送給沒自信的你

★如果想把人生賭在什麼事情上，那就賭在自己真正喜歡的事物上。

★若要問什麼時候能找到新點子，或許就是在距離成功遙遠的挫折漩渦當中。

★工作上的苦惱是將來的糧食，是成長的契機，人只有經過失敗和挫折才能成長。

★在讓自己茁壯的過程中，一定會伴隨失敗的風險，成長和失敗是一體的兩面。

★不論遭遇多麼棘手的事情，都不要忘記「對自己的期待」。深信自己的前途是光明的，把即將要陷入黑暗狀態的精神切換到正面的方向。

第3章

遭受失敗或挫折之後，情況會有什麼樣的發展呢？第三章的焦點會擺在商場上的失敗事例，希望大家對故事的內容多加注意。成功的人或商務背後必定有其獨特的故事。舉例來說，出身貧困的人想方設法努力，獲得成功。可是，後來再度跌落谷底，又從谷底復活，再次獲得成功……這個故事聽起來似乎是陳腔老調，但事實上，越是在商場上獲得成功的人就越有這種「足以道於外人的故事」。

相反的，至今沒有經歷過失敗或挫折的人們是否會有這種「足以拿來說與他人知的故事」呢？就算有，也絕對不是什麼有趣的故事。也許旁人聽來還會像是自我吹噓的話。真正的失敗或挫折的經驗絕對不會讓人感到厭膩，反而會鮮明地留在大家的印象當中。**在困難的狀況下，千萬不對自己說謊，奉獻自己，奮力苦戰……這樣的態度才會引起人們的共鳴。**一般人在觀賞戲劇或電影時，出場人物越是堅強耐苦，就越會吸引觀眾的注意。困境之後一定會有不同的發展等著，出場人物將會重生，往前邁進，之後的發展才是眞正精采之處。

商場也一樣，失敗或挫折之後將會引起有趣的發展。人的成長過程就像是一場戲，非常地精采刺激。

Chance 09

被公司淘汰、入獄等經歷，充滿傳奇色彩的一生，經常被當成小說與評論的題材。

電力大王

松永安左衛門

跳脫常識的財經界人士

因爲有著起伏不定的人生，所以這種人容易成爲小說或評論的題材。包括白崎秀雄《耳庵松永安左衛門》、小島直記《通行無阻電力之鬼松永安左衛門》、水木楊《爽快的熱情電力之王・松永安左衛門的生涯》……每一部作品都是滿懷著對松永的情感而完成的，寫書者對他有各自不同的憧憬。就好像極度渴望在現代也有這樣的人物一樣。松永安左衛門精通茶道，有「耳庵」的稱號，還被稱爲「電力之鬼」「電力之王」；另一方面，卻又有遭到逮捕的紀錄，性好漁色。厭惡統制經濟，叱喝「官吏是人類的廢物」，他是一個跳脫常識，格局很大的財經界人士。

喜歡投機取巧的社會新鮮人遭到淘汰

一八七五年，出生於長崎縣壱岐島。老家的家境很富裕。深受《勸學篇》所感動，進了慶應義塾大學就讀。因爲父親的猝逝，暫時返回故鄉，後來再度入學。當時福澤諭吉還在世，因爲經常陪伴喜歡散步的諭吉一起運動，而結識了諭吉的女婿福澤桃介。他是後來讓松永從風險投資業者成爲電力大王的重要人物。這段時期和桃介建立起來的緊密關係啓動了松永的命運。

可是，松永的社會新鮮人角色卻是以「失敗」告終。從慶應義塾大學畢業之後，在桃介的推薦之下，他進了日本銀行上班，卻因爲個性不適合，做了一年多便離職了。

進入銀行之初，因爲想宣揚自己身爲總裁祕書的身分，所以松永每天都穿著白天的禮服通勤。以現在的風氣來說，這樣的新進人員讓人覺得匪夷所思，然而，當時日銀本身的組織也還不是那麼穩固，甚至會從民間招聘人才來當總裁。松永進銀行的時候，總裁是慶應義塾大學出身的人，因爲刻意制壓東京大學出身的人，所以讓校友身居要職。因此之故，以當時的環境背景來說，新進人員可以當上總裁祕書也不是絕對不可能的事情。儘管如此，身穿禮服上班的松永在外人眼中絕對是個「怪異」的人。

辭去銀行的工作之後，他投入的工作是由桃介負責經營的丸三商會這個小小的風險投資企業。然而，桃介在該企業的評價很差。他背負著諭吉對他的信任，卻因爲長相英俊而性好漁色，又喜歡投機取巧，因此在商界的評價非常地低。結果桃介的事業失敗了，松永也被從企業當中淘汰了。

儘管如此，松永也才二十幾歲。他有心再度挑戰，於是從桃介那邊拿到了資金，成立了福松商會，投入仲介業。成立之初，業務當然不可能立刻上軌道，只要能經手的物件當然就得接受。然而，當他開始經手當時的明星商品——石炭之後，很有趣的是，他開始賺錢了。

仲介業基本上是賺取佣金的行業，所以想要擴大商務規模，就只有增加經手量，然而，小公司畢竟還是有限制的。想要賺更多的錢，擁有炭礦是最好的方法。無限擴大夢想的松永便開始進行礦山的收購和股票的投資。

排斥官僚的風險創業家

然而，事與願違。他收購的礦山挖不出礦產，股票市場也大暴跌。松永在三十二歲時變得一文不名。此時，還有更不幸的事情降到他頭上。他的住家被火燒光了，松永整個人一下子沉淪了。

「大失敗」本來就經常會發生在當事人最興高采烈的時候。當人被欲望鞭策著快速前進時，就會突然有天外飛來的閃失。我認識的一個經營者在加速擴展他所經營的餐飲店分店時，感受到莫名的危機感，遂上門要求我提供建議。他並沒有眞正敞開心房接受建議，一年之後，他的店眞的破產了。**越是自覺狀況最好的時候，就越是要多加愼重行事**。保持謙虛的心態和自重的態度，對任何一個行業的上班族來說都是很重要的。

松永認爲當時所經歷的事件是個重大的轉機。**他跟其他的經營者一樣，具有把危機化為轉機的意念**。

只要我們努力工作，當我們陷入危機時，就會有某人伸出援手。這樣的機會也降臨松永的身上。但是，那個「某人」依然是桃介。桃介在松永賠了許多錢的暴跌市場中反而大賺了一筆，他把那些資金用在九州的鐵道事業上。桃介把松永請過去，讓他擔任福博電氣軌道的專務。福博電氣軌道日後與博多電燈合併，成了九州電燈鐵道。松永在此時首度接觸電力事業，這家公司後來成了九州最大的私鐵，也就是西日本鐵道。當時，鐵道和電力都是具有極高成長性的人氣領域。風險投資企業如雨後春筍般茁壯成長，後來遭到淘汰，成了現在的鐵道模式。

松永在這個時候又因爲從事鐵道事業，被質疑有收賄之嫌，遭到收押。松永如他一貫的作風，也把在監獄裡吃酸臭的飯食一事當成很好的經驗。

出獄後，他恢復原職，但是因爲對政治產生了興趣，遂中斷了商場上的事業，有一段時間當上了眾議院議員。然而，在競選連任時卻失利了。他又變成一介無業遊民了。

「電力大王」的誕生

這一次他爲了支援桃介在名古屋展開的電力事業，竭盡心力地使該事業和九州電燈鐵道合併，催生了東邦電力。那是他和桃介所創立的公司。這是他真正地投身電力事業的開始，爲了擴大事業版圖，他不斷地收購其他地區的企業。松永也開始往來東京，鎮日爲了爭奪股份而忙碌，一九二五年，因爲和業者之間發生摩擦，引發了五百多人出面檢舉的事件（鶴見騷擾事件）。

這個事件起因於建蓋發電廠的問題，但最原始的源頭是松永等人發動的「電力戰」。松永與握有許可證照的政治家們對峙，策劃重組由民間組成的公司。昭和初年，他在業界的影響力高漲，被稱爲「電力王大」。

戰前、戰後，電力是由國家統一控管，電力公司朝著國有化的方向發展，堅決反對這項措施的便是極度排斥官僚的松永。「電力之鬼」的綽號也是由此而來。目前日本國內落實爲九家電力公司的體制，根本是拜松永的意志所賜。

東日本大地震之後，三不五時有人呼籲電力事業應該國有化，然而，本來歸類爲政府事業的鐵道和電話事業在現代史中終究都被民營化了。理所當然被視爲政府的基層事業——電力之所以維持民營的體制，背後就是松永在操作的。

松永多次遭遇失敗，就像面臨一道接一道湧過來的浪濤一樣。每一次都有貴人適時地出手相助，然後又失敗，接著又再度復活。他不斷地反覆這個模式，一路走過來。當然，現在若有人想模仿松永的做法，鐵定是不可能的。不過，現在還是有很多人爲松永所吸引，原因大概是在於他視野廣闊、充滿活力的生存方式給了現在的人一些勇氣吧？畢竟，有人就是沒有辦法平平順順地過生活，其實那也沒什麼不好。

Chance 10

面臨破產困境，失去出版社商標、庫存等所有一切，在破產隔年東山再起。

倍樂生集團創始人

福武哲彥

女學生心目中的夢想企業

倍樂生公司因爲升研教育講座而廣爲人知，是女學生們心目中的夢想企業，此集團是一家擁有英語會話學校貝立茲（Berlitz）和高齡者照護等機構的大型出版企業。倍樂生在瀨戶內海的離島直島（香川縣）以現代藝術爲主軸，發展文化事業（倍樂生藝術網站直島）。由安藤忠雄設計的美術館受到高度矚目，吸引許多海外的美術愛好者們前來造訪。除了倍樂生藝術網站直島之外，倍樂生也捐贈了「情報學環・福武廳」給東大的本鄉校區。堪稱是文化、學術的贊助者，這也許跟其創業之地・岡山的風土人情也有關係。在本縣也有很多對文化特別支持的經營者，譬如建造出形成倉敷市的美觀地區——大原美術館的富豪大原總一郎（倉敷紡績、可樂麗〔Kuraray〕的所有人）等。

倍樂生是創業者福武哲彥在岡山縣創立，以一代的時間就構築起王朝的大企業。當然也不是從創業之初就一直很順遂，福武還曾經一度面臨破產的境地。

大賺其財才是危機到來的時刻

福武哲彥於一九一六年出生於岡山縣，從岡山師範學校畢業之後，當上小學老師。二十幾歲時遇上戰爭時期，三十歲的時候，迎接戰爭的結束。因為之前的價值觀整個被顛覆了，許多年輕人在戰後的幾年當中都處於虛脫的狀態，哲彥也是其中一人。他做過黑市、仲介、冰棒等生意，但是遲遲看不到未來的展望，一直在苦悶當中掙扎。

在這種狀況下，福武好不容易找到的一條出路就是出版事業。他於一九四九年成立「富士出版」。公司名稱取自富士山，這當中隱含著他要創立日本第一的出版社的雄心壯志。出版事業其實也包括許多不同的領域，而哲彥投入的是與教育相關的領域。他針對小學生製作教科書和練習題等教材，結果押對了寶。

業務一口氣拓展到日本全國各地。以前樸實的生活倏地改變，賺到了大筆的金錢，野心也跟著變大。日後福武在自己的著作當中提到「千古不變的定律」，大賺其財才是危機到來的時刻，這正是經營事業時最讓人感到恐怖的地方。

「帳面上的業績甚至上升到全日本排名十二，接著便是千古不變的定律。無法集資，不良的借貸增加。當時我的判斷是只能賣更多東西，賺更多錢來償還貸款。最後，除了不再融資給我的銀行之外，我四處借貸，從高利貸到妹妹的婆家，甚至請託校長出借ＰＴＡ（家長教師聯誼會）的錢，經過一段時間的苦戰，終於在昭和二十九年的七月二十日破產。」

（《福武之心一以貫之的道路》以下同）

這是福武三十八歲時的事情。

破產之後，四周人的態度當然爲之丕變。「社長」變成了「喂，福武」；因爲也曾遲發薪水，所以被告詐欺、盜領等罪。同伴們也都相繼離去，當時的狀況眞的如身處地獄一般。他當時覺得「沒有任何事情像死亡那般簡單」，他被逼到甚至覺得死了還好過一點的地步。存款和家產用具都被拿走，剩下的東西只有腳踏車和飯桌、飯鍋。尤有甚者，一個大咖債權人找來福武的部屬當員工，成立了一家同名的出版社，搶走了商標和庫存、顧客等所有的一切。

失去一切，在岡山縣無路可走的福武多次接到東京或大阪的朋友們召喚「要不要到這邊來試試」。可是，此時他下了一個決定「絕不逃離岡山」。他決定背負著讓公司破產的經營者這樣的汙名，勇敢地走上艱困的道路。

提高顧客滿意度才是通往成功的捷徑

如果有艱困的道路和平坦的道路可以二選一的時候，許多成功者都會刻意選擇難走的道路。福武也不例外。

公司倒閉，被負面的傳聞纏身的福武一直沒有工作上門。他沒有工作可做，也沒有錢，所以他拚命地思索著：有什麼東西是別人不做，具有獨創性的？就這樣，他在位於妻子老家兩坪多的偏遠小屋裡做出了兩樣商品。那就是「學生手冊」和「賀年片的字帖集」。那是福武傾全力之作，他自己甚至說：「或許可以說是用我的念力完成的吧。」

幸好，這兩樣商品切中市場需求，在破產的隔年，他就成立了倍樂生的前身——福武書店。

復活之後，野心就又來了。但是這一次，福武找的是可以快速拿到錢，又可以在全國各地發展業務的商品，以免再度失敗。結果他發現了致勝武器，那就是「模試（模擬考試）」。一次的訂單就可以簽訂年度契約，客戶都是學校，所以貨款拿得快，訂貨數量也大，效率又好。但是，打出福武書店的名號無法吸引到一流的高中，於是他在公司內部成立一個「關西升學研究會」，計畫展開「升研模擬考試」。

接下來他開始投資的通訊斧正事業卻遇到了棘手的問題。業界將他的公司定位為考試機器，輕蔑他不是純粹的出版社。於是福武想到了解決的方法，那就是不只單方面的提供斧正教學，而是採雙方面進行的模式和學生溝通交流。他出版了雜誌和參考書，同時也製作聆聽學生心事的ＳＯＳ卡。

福武對於這個事業有他的表述：「剛開始時，是抱持著錢代表一切的想法。」採單向進行的模式時，他總是以賺錢為第一考量，卻老是失敗。然而當他轉向改為雙向溝通之後，工作便開始上軌道了。以現在的環境來說也是一樣的，光是想要賺錢，業務是無法長期持續的。**只有為顧客著想，也就是提高顧客的滿意度才是通往成功的捷徑。**

福武是在五十歲的時候，以這種方式開啟成功之路的。以他的例子來說，飛躍成長的道路是從此處開始的。破產這種巨大的「失敗」可以鍛鍊人的意志。而商場上的「失敗」則可以淬鍊工作。我們或許可以從倍樂生的「失敗」當中得到這種教訓吧？

Chance 11

歷經喪妻之痛，陷入牢獄之災，甚至產生自殺的衝動，到了五十歲才有所成就。

東急集團創始人

五島慶太

創立東急集團的前鐵道院官僚

都內首屈一指的高獲利路線東急東橫線、在都市開發方面有高度潛在能力的田園都市線，以及以總站澀谷為中心，百貨行、飯店、劇場等相繼再開發的東急電鐵。其整合能力之佳堪稱是私鐵的第一名。以前也曾將小田急電鐵、京王電鐵、京濱急行納入麾下，同時發展職棒（東急飛行員）、電影（東映、舊東橫電影）、航空事業（與日本航空系統、JAL合併）等各領域的事業，形成最大的企業集團。

創設這個東急集團的人物就是五島慶太。

順便告訴各位，私鐵的所有人以五島家和西武集團的堤家、東武集團的根津家、關西阪急集團的小林家爲最有名（其中只有根津家的創始人當上社長）。這些私鐵的所有人們，其創始人都不是從創建路線開始起家的，多半都是在初期的基礎專案中被委以管理的重任，或者收購小型的鐵道之後慢慢發展而來的。五島是前鐵道院官僚，創立阪急的小林一三是從三井銀行轉換跑道而來，成立西武集團的堤康次郎和東武集團的根津嘉一郎都是收購鐵道事業，加以壯大而成的。

痛苦到連松枝都看起來像上吊工具

東急和西武長年以來都處於競爭的關係，人稱「快槍堤」和「強盜慶太」，將彼此的激烈收購企業戰形容得淋漓盡致。「強盜慶太」這是以不斷地強取豪奪而得來的綽號。其粗暴的手法固然引人側目，但同時也可以看出此人是個思緒纖細的辛苦人。

他於一八八二年出生於長野縣。老家務農。從他升上相當於現在高中的時候開始，家道就中落了，升上大學時也經過迂迴曲折的過程。他一邊當代課老師，一邊參加考試，首先他參加現在一橋大學的考試，不幸失敗了。

隔年，他通過了現在筑波大學的入學考試。

畢業之後，他當上了四日市商業高中的英語老師。然而他發現「包括校長在內，其他的同事都很低調，看起來可笑之至，都是一些無能之人」（〈我的履歷表〉，以下同），他對此感到失望，認爲這樣下去不行，於是，他下定決心要考東大。一開始他走旁門左道，以相當於旁聽生資格的選修生身分入學，之後，轉到目前的東大法學部的本科系去。因此，他畢業時就已經二十九歲了。順便一提，吉田茂前首相也轉過學（一橋、東京理科、慶應義塾大學、學習院），所以在他從東大法學部畢業，進入外務省工作時就已經二十八歲了，也比一般人晚了許多。他們似乎爲我們證明了一件事，**就算起步得晚，也不是什麼問題**。

當時，東大畢業的人做官很常見，五島也在通過以目前來說算是一種國家考試之後，進了農商務省。之後，轉任到鐵道院。然而，他遲遲未能有更好的發展，對官僚的生活產生一種窒礙難行的感覺。

就在這個時候，五島認識了財經界的推手——鄉誠之助。鄉誠之助剛好創立了一個新的鐵道事業，卻遇到了瓶頸。五島接受了他的邀請，於一九二〇年，他三十八歲的時候，以常務的頭銜轉換跑道到武藏電氣鐵道。

然而，轉換工作之後，卻是苦難日子的開始。因爲本來就是一間破爛的公司，多次陷入苦境，不僅如此，他摯愛的妻子過世了。他的人生宛如跌落「谷底」。

之後，事業雖然擴大了規模，到了一九三〇年代，因爲受到昭和恐慌的影響，公司又面臨劇烈的動盪，「我經歷了讓我多次想要自殺的艱困時期」。員工的薪水發不出來，要求金融機構貸款也不獲首肯，當他在下著小雨的日比谷公園裡沮喪地走著時，「連松枝看起來都像上吊用的工具」。

此外，在他五十一歲時，被捲入了賄賂的事件當中，有半年時間是在監牢裡面度過的。

「這六個月當中的監獄生活所帶給我的苦惱感受，恐怕是沒有經歷過的人無法體會的吧？這段期間，我過著身而爲人最劣質的生活。然而，也就是在這個時候，一個人平時的訓練和修養才會明顯地突顯出來。要不是有膽識有決心的人，或許會就此苦悶而亡。（略）透過這個生活，我得到的最大教訓便是，人光是知和行是不夠的。還必須要有不輸給任何人的信念才行。（略）想要在事業上獲得成功，想要有利潤可賺，信念是絕對不可或缺的東西。」（〈我的履歷表〉）

五島是五十歲之後才開始在舞台上大放異彩的。除了把慶應義塾大學和東京工業大學拉攏到東急沿線，強化鐵道事業之外，還攻佔三越，投入地下鐵的事業當中。他還與宿敵西武在箱根的觀光事業上展開了一場號稱「箱根山戰爭」的競爭，以強硬的手段開疆闢土。

之後，五島一直到七十七歲人生落幕之前，都持續在第一線工作。他留下的遺產確實有很多是靠強硬手段獲取的。然而，對東急來說，現在都成了莫大的財產。

五島表面上強勢，卻也曾經有過精神上跌落谷底的經驗，嚴重到讓他產生自殺的衝動。

或許這種精神上的高低落差正是獲得充實人生所必要的條件。

因爲有山谷，所以才有巔峯。五島慶太正貫徹了這樣的生存方式。

看著父親這樣的奮鬥過程長大的長子五島昇身爲二代繼承人，更努力地擴大東急集團的事業發展。他與被稱爲「強盜」的父親不一樣，有著時髦的外形，加上纖細的思緒，在聲色場所似乎也頗受歡迎。他在財經業界擔任要職，是不可或缺的存在，成了一個成就不亞於父親的重量級經營者，作家城山三郎在《大男孩的生涯五島昇這個人》描繪了他這樣的人生。

兒子似乎也繼承了父親掀起萬丈波瀾的生存方式。

Chance 12

勇於承認錯誤，在任何狀況下都保持開朗的心境，為眼前的工作盡最大的努力。

Panasonic創始人

松下幸之助

既無家世也無學歷

松下幸之助出版了許多書籍，被尊爲「經營之神」。相信有人已經聽膩了關於松下幸之助的人生、生活方式的軼聞了吧？也有人認爲，對年輕一輩的上班族而言，他已經是個天高皇帝遠的人物了。

然而，儘管如此，爲什麼關於松下幸之助的書籍還是被大量地出版呢？因爲他的人生當中還是有很多值得參考的內容。

不管是什麼時代，對天生條件不佳的人而言，「現在」看來都是一個艱困的時代。就這種定義來看，松下幸之助出生的時代也算是一個困難的時代。如果是在江戶時代，家世代表一切，然而從明治到平成這個時期，卻是「東大畢業」「哈佛大學畢業」等學歷引領風騷的時代。松下幸之助既無家世也無學歷，他卻在這樣的背景下，以一個世代的時間就創立了松下電器（現・Panasonic）這個大企業。就因爲這樣，所以他成了眾人景仰的人物。

事實上，以他的人生境遇爲參考的人非常地多。舉例來說，足球選手本田圭祐從高中時期就閱讀松下幸之助的書。以前我採訪本田圭祐的時候，他把書籍的內容清清楚楚地記在腦海裡，著實讓我大吃一驚。要不是自己也同樣地努力，松下幸之助的書籍內容就沒辦法進入腦海裡，而且就算看了書，也無法吸收爲己所用。只有自己也那麼努力地工作或練習，才會在閱讀書籍，產生共鳴的同時，隨手在文句上畫重點線。這證明了本田從高中時代就針對人生認眞地思索，想用足球來開拓自己的人生。

讓我們回到松下幸之助的話題吧。經常有人問身爲成功者的幸之助：「您爲什麼能成功？」他總是這樣回答。

「失敗時因為放棄所以才會失敗。成功時繼續努力，就會獲得成功。」

大家往往有個誤解，以爲成功是一步一步接近的，其實不然，成功是在某一天突然到來的。幸之助所說的那句話似乎也隱含這樣的教喻。「突然到來」的背後是不斷地努力，**平日不認真過生活，成功是不是會自動到來的。就算來了，也會立刻就飄然遠去**。只要不斷地努力直到成功，那麼成功必然就會到訪。

承認一切都是松下的錯，成功復活企業

幸之助確實是獲得了巨大的成功，然而，在他成功之後，還是有危機上門。最有名的一段軼聞便是一般人稱的「熱海會談」。

一九六〇年代，松下電器的主力事業——白物家電等的營業額漸漸地下降了。高度的經濟成長也告了一段落，業績已經達到頂點，廠商之間陷入過度的競爭當中。松下電器花了許多時間建構起來的各地販賣店，和代理店的銷售網路有大部分都呈現赤字經營，處於危機的狀態。此時幸之助六十九歲。他從第一線上退下來，以《成功立志傳》當中的人物角色，四處舉辦演講活動。然而，從部屬呈上來的報告就可以看出，營運結構上正面臨捉襟見肘的危機。

從銷售現場傳上來的心聲大部分都是對總公司的不滿，認為「是總公司的問題」。發覺事態嚴重的幸之助將營業所長和全國各地的販賣店、代理店店長都集合到熱海的

「新富士屋飯店」，和負責銷售的現場人員進行徹底的對話。然而，那場會談只是讓彼此的情緒相互衝撞，遲遲無法找出完善的解決之道。幸之助也一直敦促現場人員多努力，然而雙方的討論焦點始終沒有交集，處於平行線狀態。員工們對總公司的不滿始終沒能消除。到底該怎麼做才能說服現場的工作人員呢？討論活動持續了漫長的三天時間，幸之助最後這樣說：

「我非常能理解各位所說的話。結論是一切都是松下的錯。」（摘自《松下幸之助故事》，該公司ＨＰ）

幸之助終於這樣當面道歉，承諾松下電器會將心比心，重新出發。在這場熱海會談之後，本來擔任會長一職的幸之助自行就任營業本部長的職務，回到銷售現場的第一線，推動「一地區一賣店制」「事業部、販售店之間的直接交易」「新月份銷售制度」等三種改革方案。爲了得到各銷售店家和代理商店的認同，他四處奔走，結果，各個據點的經營狀況都有了改善，企業成功復活。

誇讚自己「今天真的努力工作了」的踏實感

成功是很脆弱的。長久以來以成功爲目標，將失敗轉換爲成功的人也許會在成功之後立刻又遭遇失敗。危機是隨時存在的，所以，持續的努力是必要的。同時，人生才會充實。幸之助是這樣陳述充實的定義：

「夢想要製造某種成果，從早到晚，忘了時間的流逝，流著汗水辛勤地工作。（略）拚命地努力。以這種態度投入各種困難的工程當中，時而即便徹夜未眠也要完成目標，從這當中可以感受到巨大的喜悅。後來，我在二十二歲的時候就獨立創業，成立了製造電氣器具的事業，雖然規模很小。創業之始，我專注地投入其中，每一天都誠實勤奮地工作著。我到現在都還清楚地記得，在這樣無止境地努力的日子裡，我在夏天工作到三更半夜，把水裝在水盆裡一邊擦澡一邊誇讚自己『我今天也眞的很認眞地工作呢』時的那種充實感。」（《人生心得帖》）

只要有工作，一定就會有覺得辛苦的時候。在面臨這樣的苦境的時候，幸之助的話語才會眞正深深地滲入我們的內心深處。**不管處於什麼樣的狀況，都要保有明亮開朗的心境，為眼前的工作盡最大的努力**。

回顧一天的生活之餘，松下幸之助告訴自己「我今天眞的努力工作了」，他就是這樣認眞地過日常的每一天。我個人認爲，**「認真地過」不等於是盡最大的努力做好眼前的事情嗎？在盡了最大的努力之後，一定會想好好地誇讚自己**。

Chance 13

身為東大生的現場作業員，即使在國策事業中遭遇挫折，仍然持續掙扎奮鬥。

日產財團創始人

鮎川義介

一生奉獻給工作和國家

在世界性的品牌諮詢公司Interbrand於每年發表的Japan's Best Global Brands前三十名排名當中，NISSAN和HITACHI一定都會榜上有名。這兩家名聲遠揚歐美國家的公司分別是代表日本的汽車和電機的大企業。

事實上，這兩家公司本來是由一間控股公司所擁有，那就是日產財團。從一九二七年成立不到十年的時間，就成長爲僅次於日本最大財團三井、三菱的企業集團，在第二次世界大戰終戰之前，擁有極爲龐大的勢力。戰後，該控股公司不見了，但是其麾下的企業卻順利發展，持續支撐著現今的日本經濟。

這個集團有一個創業精神非常旺盛的創始人，名字叫鮎川義介。他是一個風格與老派財閥創始人迥異的人物。他既不是商人，也不是從貧窮環境當中爬升上來的人。他雖然大獲成功，成爲一大富豪，卻沒有過著豪奢的生活。我個人覺得，他好像不是爲了想成爲有錢人而拚命工作的。追溯他的過往足跡可以發現，從某方面來說，一生奉獻給工作的鮎川，他的一生宛如是爲了日本這個國家而存在的。

從東大生到現場作業員

鮎川義介於一八八〇年出生於山口縣，是以前的長州藩高級武士家的長子。長州藩是和薩摩藩（現．鹿兒島縣）一起完成明治維新運動的中心藩之一。這個活動結束了三百多年來由德川家支配的江戶時代，對日本的近代化有很大的貢獻，而影響生於這個地區的鮎川前半生最多的是被稱爲「明治的元勛」的井上馨。井上是長州藩的中樞，是發起明治維新運動的重要人物之一，義介的母親是井上的姪女。因此，鮎川從小就在井上的薰陶下長大。因爲有著可以進入明治政府的中樞——長州財團的家世，在當地算是相當有地位的人士。

從當地的明星學校——舊制山口高中畢業之後，鮎川就進入東京帝國大學工學部機械科就讀。在東京時，他在井上的宅裡當食客，一邊當門房，一邊觀察前來訪問的財政界要人，加深了他要爲國家的營運竭盡全力的認知。

當時的井上和財經界有著很深的關係，甚至有「三井大掌櫃」之稱，是一個思緒之多倍於一般人的官僚，他認爲「日本的發展必須導入現代化的商務」。因此，他也投注許多力量在挖掘優秀的人才上。被譽爲日本資本主義之父的涉澤榮一和三井物產的創始人益田孝、三井銀行的中興始祖中上川彥次郎都是井上挖掘出來的人才。

井上在東京的住宅內舉辦私塾「毛利家時習舍」，召集皇族、貴族、富豪的子弟們進行擔負起日本未來之重責大任的修養教育。鮎川也許被井上視爲可塑之材吧？他在私塾裡從舍生被拔擢爲指導師，曾爲舍生之一的Hotel Okura創始人大倉喜七郎曾說過自己受到擔任指導師時代的鮎川的嚴格教育。

鮎川在大學時選讀了技術科系，他之所以做這樣的選擇也是因爲井上提供的建議，認爲近代化的商務需要有科學技術爲背景。同樣是山口縣出身，相當於鮎川親戚的岸信介前首相回想道：「鮎川先生雖然是東大工學部機械科出身，但是卻放棄走當時的才子通常會選擇的海陸軍人或法科系統的路而選擇了技術科系，我想原因之一是母方的親戚——明治的元勛井

上侯（引用者注・井上馨）的影響。」（《鮎川義介老師回憶錄》）

鮎川本身也一直在想，自己應該對日本的發展有什麼貢獻？大學畢業之後，他婉拒了井上的建議，沒有進三井工作，反而跑到芝浦製造所（現・東芝）去當一名現場作業員。當時他隱瞞了自己是知識份子的精英出身。

日後鮎川說：「在日本，成功的企業從一到十完全模仿西歐國家，日本的獨創性完全沒有進步的跡象。那是因爲受過高等教育的人都偏好選擇職業，對日本的傳統產業敬而遠之。」

用鋼鐵般的手賣著鑄鐵

鮎川也開始到各地的工廠進行視察，在研究日本現有的技術能力的同時，爲了學習當時算是高科技的鑄造技術，他在日俄戰爭結束的一九〇五年還遠渡重洋到美國去。在美國的時候，鮎川照樣過著職工生活，努力地學習關鍵技術。據說，他當時只是個週薪五美金的實習工，腳被燙傷了也不能到醫院去就醫，好不容易才在基督教青年會吃到免費的三餐。一開始，面對歐美的文化，他似乎也有自卑感，然而在勤勉工作的當下，他確認了技術能力確實是日本在發展途中不可或缺的要素。

他認爲「日本人在勞動效率上一點也不輸給西方人（略），在國土呈狹長形，人口不斷增加的情況下，以農業來立國是萬萬不可行的。如果沒有任何天然資源的話，第一次產業革命就沒有指望了。能夠與列強一較高下的方法就只剩在第二次、第三次產業革命當中的加工工業了。」（〈我的履歷表〉）

一九〇七年，他告別了在美國的兩年生活回到日本。在井上的支持下，於一九一〇年由九州的貝島財團創始人貝島太助和大阪的藤田財團的藤田小太郎、三井家共同出資，在福岡設立了戶畑鑄造（日後的日立金屬）。此時，他經歷了巨大的「失敗」。

這個事業從一開始就困難重重，因爲當時工廠販賣的可鍛鑄造物（強化過的鑄鐵）在當時的日本根本就賣不出去。

鮎川在三十四歲時和飯田藤二郎——高島屋飯田（日後由丸紅收購）會長的女兒美代結婚，但是，在與同事內丸最一郎（當時東大助教）見面時，他卻吐露了內心話：「因爲服從世俗規範而結婚，說起來是值得慶賀，但是，工作訂單不多，過一天算一天。每天都汗流浹背地過日子，倒是一點都不值得慶賀。」（根據《鮎川義介老師回憶錄》）

事實上，當時鮎川正面臨困境，請託有遠親關係，在創業時也曾是他的恩人藤田小太郎的未亡人出資，好不容易才脫離了危機。

該未亡人如是說：「外子曾說過，想幫助像鮎川這麼認眞工作的人，所以，如果只要區區的二十萬元就能讓一家公司存續下去的話，依我個人的意見，我願意伸出援手。」（《鮎川義介老師回憶錄》）

之後，鮎川想盡辦法重振了事業。據說，他在現場時，就像個工程師一樣，經常握住員工的手掌，確認他們對工作的熟悉度。前職員說，他的手儼然是鋼鐵一般的技術人員的手。

以性命做擔保，讓企業重生

鮎川是在承接了比他年長的小舅子久原房之助的事業之後才算眞正站到舞台上。同樣出身長州的久原被稱爲礦山大王，成立了久原礦業、日立製造所等，構築起一介財團的龐大勢力。然而，因爲經濟情勢的變化，久原的事業突然一蹶不振，鮎川便在此時以重建者自居，站到第一線上。鮎川誓言「以我的性命做擔保」，採取積極的資金策略。

於一九二八年承接久原礦業的鮎川先將公司名稱變更爲「日本產業」，代表振興日本產業之意。接著又將之轉換爲控股公司，爲了符合公司的名稱，將權利與市民們分享，大幅地募集資金，因此便公開買賣公司的股票。這就是日後的日產財團。順便要提到一點，當時三井、三菱的控股公司都還是個人公司，所以鮎川所率領的日產便成了公開控股公司的先驅。

扮演先驅者的背景當然也有其經營上的理由。說起來，陷入經營不振困境的原久原礦業的資金調度能力是有限的。但是，久原本身雖然身陷危機，其麾下卻擁有許多優良的企業，譬如日立製造所等。

於是鮎川利用所屬企業的高股市價值，透過控股公司日產賣出股票、發行新股。他用這種方式推動集團的重組，結果完成了階段性的發展。他不是一般尋常的理想家，鮎川對公司的創立和經營相當有自信，甚至自認是「財經界的盆栽師」。他尤其擅長讓業績不振的公司重振雄風。所以，經營持股公司似乎是他長久以來就有的想法。

鮎川推動集團企業的整理統合，強化日本礦業（從日產當中獨立出來的礦業部門，現・JX控股公司）、日立製造所、日產火災海上（現・損害保險Japan）、日產化學工業等的經營。一九三四年，他本來計畫與GM合作，投資汽車工業，但是遭到軍部的反對，於是他決定設立純國產汽車公司。之後，他創立了日產汽車。

然而，過了不久，由於金融情勢的變化和稅制的修改，日產的持份權戰略（從股票市場調度資金）也不得不採保守策略。加上一般股民的壓力使然，股票因而暴跌。當時的困境不是三兩下就可以克服的。

戰爭氣息變得濃厚的一九三七年，鮎川配合國家的大陸政策，發表了將日產財團移往大陸的消息，做爲突破困境的對策。他以促進原爲日本殖民地——滿州的經濟發展爲名，將整個日產財團更替爲「滿州重工業開發」公司。

鮎川成了滿州重工業開發的總裁，得到所有的便宜條件，以期能在滿州全力發展。他同時積極地導入外資，表明不管是外國資本，或者是中國資本，新公司完全不排斥，大表歡迎，他甚至想要吸引美國的資本進來。這項措施結果是半途而廢了，然而有人認爲，鮎川的作爲背後因爲有外資的導入，才得以避免日後與美國之間的戰爭。

一九四一年，他設立了新的控股公司滿州投資證券，努力推動事業。然而，在商場上的實際收益並不像軍部所宣傳的那般豐富。

而且，在滿州和軍官的複雜對立關係惡化的程度甚至影響了鮎川的進退，於是在公司創立之後的第五年，他就辭掉了滿州重工業開發會長一職。

傾力從事中小企業的支援活動

戰敗之後，鮎川被懷疑是戰犯，遭到逮捕，被拘禁在巢鴨拘留所內長達二十個月左右。在難熬的牢獄生活當中，鮎川一個勁兒地苦惱、思索著。

新日本的發展有三大不可或缺要素，那就是「道路」「水力」「中小企業」。想破頭的鮎川達成了這樣的結論。戰後，他特別將精力投注在中小企業的培育活動上。

對於將企業經營和國家營運直接串連在一起的鮎川而言，他認爲，培育擁有高度技術能力的中小企業才能對日本的復興有所助益。

順便要提一件事，在戰爭期間，他以個人資產爲基礎，成立了一個叫義濟會的財團。義濟會在戰後仍然持續運作，對研究機關，還有戰後成爲風險投資代名詞——SONY的成立，提供資金援助。

一九五二年，由舊日產集團出資，設立了中小企業助成會（現・Tekuno風險投資公司）。成了現在所謂的風險投資的先驅。

此外，鮎川爲了將伊豆大島建設成國民的休憩場所，投下了個人的財產，設立了公園，也經常資助衛生設施、發明促進獎、食品材料的綜合研究等。之後就任帝國石油社長、石油資源開發社長，爲了讓國家取得資源而竭心盡力。當選爲參議院議員之後，創立了日本中小企業政治聯盟等，全心奉獻於中小企業的支援活動。

反覆嘗試錯誤，永遠都在突破現狀

由這些過程來看鮎川走過的足跡就可以清楚了解到，他的行動自始至終都是爲了貫徹他爲國家發展而努力的信念。他的職志就是透過企業經營對國家有所貢獻。另一方面，他持續保有年輕時對美國的體驗和技術能力的堅持，投入個人的財產，培育許多中小企業、風險投資企業。

他的信念和作爲至今仍然留存在日本的商界。舉三月十一日發生的東日本大地震爲例，許多中小企業遭受重大損失，影響的層面不只在日本國內，也波及到了歐美亞洲各國的製造業，因爲無法供應零件，使得生產被迫停擺，對全世界造成重大的影響。日本憑藉著高度的技術能力，在沒有天然資源的先天條件當中，足以與列國處於對等的地位，這完全是靠第二次和第三次的加工技術改良所致，而這也證明了鮎川的危機意識是正確的。

鮎川經常對親人說：「在我活著的期間，我不是一個值得被稱讚的人。」他絕對不爲自己找藉口。鮎川時而會發出讓人覺得是豪語的言論，聽在只會考慮到私利私欲的人耳裡一定會覺得是珍奇異聞吧？鮎川留下來的技術導向、風險投資精神，時至今日依然留存於日本的生產業當中。

現在的日本還有沒私心的人嗎？有人會爲某個人、某個目的而「失敗」，反覆嘗試錯誤嗎？失敗之後仍然持續掙扎奮鬥的行爲，或許也是測試人們鍊膽識的鍛練場吧？

「想重振凋敝的日本」——這似乎是戰後許多經營者奮鬥的動機所在。那麼，現代又是什麼樣的情況呢？日本確實成了經濟大國，人民可以安穩地生活。然而，這只是一種表象。每次聽到在商場的第一線努力衝刺的社長們談話，我都從他們的話語當中感受到這些人對日本的將來抱著重大的危機感。

從世界的觀點來看，日本總有一天會被淘汰。Made in Japan也已經沒有往昔的力道。日本又開始進入凋敝的狀況了。

如何才能突破現狀？鮎川義介不就是一個最好的範本與借鏡嗎？現在的我們一定也可以做得來的。

Chance 14

失敗再失敗的醍醐味，最終成了日本的國民飲料——可爾必思。

可爾必斯創始人

三島海雲

在困難的漩渦中發現的「可爾必斯」

可爾必斯素有「初戀的滋味」之稱，是日本第一個乳酸菌飲料。開發出可爾必斯的人是三島海雲。他是年營業額超過一千億日圓的優良企業可爾必斯的創始人。

三島海雲是僧侶出身。一八七八年出生，是大阪的住持之子，出生於一座貧窮的寺廟家庭當中。三島海雲從小就有口吃的毛病。理所當然地以僧職為目標，在西本願寺文學寮就學，後來受到成為朝日新聞明星記者杉村楚人冠的教誨影響，成了英語實習教師。然而，日後，他的出身學校大幅發展，由西本願寺派創立了佛教大學（現・龍谷大學），他以三年級生的身分進入就讀。就學期間，他受到鼓舞，前往年輕人嚮往之地——中國。這是一九〇二年的事情。

他在留學的國度——中國一邊學中文一邊教授日語。然而，從某個時期開始，他與朋友合作，啓動了進口日本的商品到北京雜貨商日華洋行的事業。這是他從學生轉而成爲事業家的關鍵。日俄戰爭爆發之後，他接下了軍馬調度的工作，大賺了一筆錢，這使得他開始在蒙古開創牧羊的事業。

然而，在該事業上軌道之前就發生了辛亥革命。因爲清朝滅亡，他的工作便停頓了。

「清朝滅亡的同時，我在中國的事業完全付之一炬。（中略）然而，就算我在蒙古的牧羊事業順利發展，總有一天還是會被俄軍沒收吧？果眞如此，就不會有可爾必斯的存在，當然更沒有今天的我了。人間萬事，塞翁失馬，焉知非福。」（〈我的履歷表〉以下同）

事實上，海雲在工作停頓之前就邂逅了「可爾必斯」的原點。當時是他從北京進入內蒙古的時候。當他喝下當地遊牧民族所飮用的酸味飮料時，爲其美味和調整因爲長期旅行而變差的腸胃功能所驚艷。那個酸味飮料就是以在當地被稱爲「青皮」的乳酸菌所製作而成的酸奶。海雲因爲牧羊的生意失敗，卻從這個蒙古的酸奶當中看出了商業的可能性。

海雲於一九一五年放棄了中國的事業，身無分文地回到日本之後，有了機會試喝到在日本開始流行的優酪乳飲料。但是，他覺得在蒙古喝到的酸奶比較美味。「那我就來製作比優酪乳好喝，前所未有的，對身體有幫助的東西吧。」他不斷地研究在內蒙古學到酸奶的製作方法，在現在的文京區千駄木設立「醍醐味合資公司」。他把用乳酸菌發酵過的乳品商品化的「醍醐味」和在「醍醐味」的製造過程當中留下來的脫脂乳用乳酸菌經過發酵，製成「醍醐素」來販賣。

一九一七年，「醍醐味」因爲恩師杉村楚人冠在雜誌上加以介紹而引起廣大的回響，銷售狀況非常順利。他用賺取到的利潤設立了可爾必斯的前身Rakutou。

很嘲諷的是，商品受歡迎又招來了「失敗」。原料——原乳不夠用。醍醐味在正式發售之後幾個月就停止販售了。海雲把這件事視爲「成功的失敗」。

可是，這次的失敗卻成了大成功的苗芽。在困境的漩渦當中，他將醍醐素做了改良，開發出既美味，又對身體有助益的飲品，後來成爲日本的第一款乳酸菌飲料「可爾必斯」。整個開發過程可以用迂迴曲折來形容，簡直就是「人間萬事，塞翁失馬，焉知非福」的最佳證明。

一開始，他採用一成從原乳中提煉出來的奶油，其餘的都是脫脂乳。結果醍醐味很快地就將原料用罄了。爲了解決這個問題，他特地去東大的衛生學教室學習，從頭開始學習乳酸菌的知識。於是，他最先製造出來的便是含有乳酸菌的牛奶糖——Rakutou牛奶糖。然而，牛奶糖在夏天會溶化，引起消費者不斷地提出客訴，最後只好停止生產。此時，資金告罄，醍醐味也做不出來了，海雲面臨破產的危機。

然而，這時候奇跡又出現了。工廠裡將脫脂乳和砂糖混合攪拌靜置一天之後，竟然自然發酵了。海雲在裡面加入了鈣，便做出了可爾必斯。

成為「國民飲料」的契機

海雲請作曲家山田耕作爲這款日本首度出現的商品命名，在銷售網絡方面，則得到擁有國內最大的銷售管道的食品批發商——國分的協助，開始販賣。非常重視市場要素的海雲在動物愛護會的傳信鴿比賽和圍棋大賽等活動當中提供贊助，大量傾銷可爾必斯。在關東大地震的時候，他在儼然化爲一片灰燼的東京免費分送可爾必斯給災民。

可爾必斯的總公司所在地山手淹水，於是我想到要送水給爲飲水問題所苦的人們。當時我想，既然要分送飲用水，那不如在水當中摻入「可爾必斯」，加入冰塊，讓大家喝起來更可口。因爲我覺得現在正是回饋民眾平日愛戴的時候。還好，工廠裡還有十幾桶啤酒桶裝的「可爾必斯」原液。我們以水稀釋成六倍，再加入冰塊冷卻分送出去。我把金庫裡的兩千萬日圓全數取出，用來抵銷這一部分的費用。至於送水的方法，當時，我以一天一輛八十日圓的費用租了卡車。但是，因爲正值震災之後，車子的調度很吃緊，不過我還是想辦法調來了四輛卡車。然後，從隔天九月二日開始，就在東京市內巡迴配送。我們的可爾必斯車隊所到之處都受到莫大的歡迎。在上野公園避難的人們形成了人山人海，迎接我們的到來。（摘自該社ＨＰ）

就這樣，可爾必斯從一九一九年開始販售起，經過漫長的歲月，成長爲人們所喜愛的「國民飲料」。

Chance 15

失去妻小，也失去自動鉛筆的專利權，還是咬緊牙苦撐下去。

夏普創始人

早川德次

最初的成功事業來自於自動鉛筆

夏普的總公司目前在大阪，因此，一般人都以爲它是來自關西的企業，事實上，早川本身是東京出身。他來到大阪的機緣在一九二三年。三十歲時，關東大地震奪走了他的家人，事業也發展得不順遂。爲了能夠東山再起，他將據點移往關西。創始人便是因爲發明自動鉛筆而廣爲人知的早川德次。

早川於一八九三年出生。在普通小學念了兩年就輟學，被迫去當學徒找工作。這樣的遭遇讓人聯想起松下幸之助。他克服了極爲不順遂的少年時期，十九歲時獨立生活。對於當時的事情，他曾經表示「很難以想像，我的出身經歷了多麼嚴苛的苦難」。（〈我的履歷表〉以下同）

獨立之後，一開始讓他獲得大成功的便是自動鉛筆。一九一五年，早川接到伸縮鉛筆（軸心爲賽璐珞製，內容物的零件是馬口鐵所製成的螺旋組合，容易生鏽也容易壞）的零件訂單，他看著像玩具一樣的伸縮鉛筆，心想「把這個東西加工成像原子筆一樣的實用品吧」，經過不斷的研究、改良。最後完成了現在非常普遍的自動鉛筆。

然而，之後發生的關東大地震使得他小小的成功整個急轉直下。不要說自家的工廠了，他甚至失去了妻子和兩個孩子。與他簽訂自動鉛筆販賣契約的日本文具製造公司更在此時向他追討借款，簡直就像要逼他走上絕路一樣。

失去工廠的早川無計可施，只好與債權人日本文具製造公司商量，把剩下來的機械都讓渡給對方，連同自動鉛筆的專利無償使用權一起拿來抵債。這個約定像是以彼此互相信任爲前提所訂下的紳士協定，雙方沒有交換文件，只是口頭上做了約定。

如前所述，之後早川搬到了大阪。但是，因爲專利權已經轉讓出去，他不能製造自動鉛筆了。於是他著眼於礦石收音機的開發，而事業也做得一帆風順。

可是，當他三十五歲，正努力地投入眼前的工作時，突然接到法院的強制執行命令，營業處的物件通通都被扣押了。原來是那家日本文具製造公司對他提出「還清債務」的申請。照道理說，這個問題在轉讓自動鉛筆的專利權時應該就已經解決了，爲什麼會變成這種狀況？問題果然就出在當時的約定沒有形諸文字。

日本文具製造公司看準了早川沒有實質的證據，所以才鑽了這個漏洞。早川此時就算爲口頭約定的失策而感到懊悔也爲時已晚。

早川也回頭控告對方，審判時間長達三年。然而，他無力持續支付審判費用，結果只好私下和解。早川也說這是一個「讓人感覺不舒服的結果」。

一九三四年，他還清了所有的債務，終於得以「從令人不快的感覺中掙脫出來」，然而，在那之前的四至五年，他一直都在支付根本沒有必要償還的債務。

踏踏實實地經營，應付任何艱辛狀況

早川還遇到其他的「失敗」。一九四九～一九五〇年，日本的經濟因爲劇烈的通貨膨脹而陷入不景氣的狀況當中，值此時機，營業額也因爲市場不振而造成赤字擴大，公司面臨存亡的危機。股價急速下降，資金周轉也極爲困難，發生的事情和二〇一二年的夏普危機是同樣的狀況。早川十分苦惱。

「因爲種種事情，我日夜焦慮，搞得身心俱疲。苦惱的日子日復一日，也曾經連續幾晚因爲滿腦子不祥的預感而夜不成眠。我本來是一個很樂觀的人，鮮少爲事情過度執著，讓自己悶悶不樂。我又很健忘，總是希望自己能夠隨時笑得開懷，但是就在這個時候，我整個人眞的是舉手投降了。」

結果，他幾乎放掉了手中的財產。早川雖然多次跨越過高度的障礙，但是在成立公司之後，他卻面臨最大的困境。

幫他解決問題的是他的員工們。本來銀行要求早川削減人員，早川卻遲遲下不了手，員工們十分同情他，便自行申請離職。以現在的環境來說，這是很難以想像的事情，然而就因爲員工們這種捨身救主的行爲，使得早川可以得到銀行的融資，克服難關。留下來的部分員工看到早川當時萎靡喪志的樣子，都懷疑「他會不會自殺啊」，於是輪流住到早川的家裡，目的是爲了監看他的安全。

早川陳述這段時間的事情時說「苦澀痛徹入骨，我不想再經歷這樣的事情」，甚至因此下定決心「我要活用這個經驗，開始踏踏實實地經營，以期隨時都能應付各種狀況」。

之後夏普涉獵了許多商品，從收音機到電視、電子計算機等，成長爲綜合家電廠商。度過窮困的幼年時期，在關東大地震中失去親人，一度失去事業，東山再起的事業也陷入困境。也許正因爲經歷過許多的不幸，所以才能獲得巨大的幸運。這樣的人生是我們想學也學不來的，然而，**早川的人生卻告訴了我們，就算失敗，回報的日子也總會到來**。

Chance 16

沒有自信與好口條，但抱持著「為工作死而無憾」的信念，當上外商公司社長。

日本微軟社長

樋口泰行

口才不好，卻有令人信任的特質

外資公司的社長是一個工作量相當沉重的職務，其忙碌的程度與國內企業有些不同。外資公司的社長終歸是站在全球眾多分店的一個分店長的立場。各國的賺錢能力不同，導致每個人的存在感有大小的差異，然而以歐美總公司的觀點來看，終歸只是「一個部屬」而已。在日本國內發揮領導力的同時，又該如何向總公司的董事會成員們展現自己的優點呢？除了事業的實績之外，從內外人際關係的調整到自己所站的位置等等都很重要。外資公司的社長必須隨時保持高度的精神警戒，以擷取來自四面八方的情報。但是，如果從在組織中存活下來的觀點來看，經歷過幾家外資企業的社長職務洗禮的人可以說是相當專業化了吧？

現在擔任日本微軟社長一職的樋口泰行到目前爲止，經歷過日本惠普公司（Hewlett-Packard）、Daiei，以及現在的職務，一共三家公司的社長工作。Daiei的社長一職是被當時的產業重建機構所網羅，委以重整的重責大任而就職的。他在哈佛商學院取得MBA，也在波士頓諮詢集團擔任過經營諮詢師，也曾經在蘋果電腦工作過。對許多年輕的上班族而言，他可以說是讓人崇拜的存在吧？

光看他的經歷，看似輕輕鬆鬆地就累積了如此華麗耀眼的職場生涯。事實上，他經歷過相當多的努力和辛勞。

以前我實際與他見過面。他不是一個辯才無礙的人，每一句話都經過深思熟慮，同時話中總是會夾帶著關西出身者特有的幽默感。他那悠然自得的人格特質讓我印象極爲深刻。因爲講話的方式經過刻意的壓抑控制，所以即便他說的是過程起伏劇烈的事情，聽眾也很難發現箇中的變化。他本人似乎覺得自己「口拙不機靈」，但是我卻感覺他散發出爲人所信任的特質。

自信心完全崩毀的領導任務

樋口於一九五七年出生於兵庫縣。從大阪大學工學部畢業之後，進入松下電器產業（現・Panasonic）當工程師。一開始，他被分派到的是不受歡迎的溶接機事業部。在工廠裡從事隨時和危險毗鄰而居的溶接作業，從早忙到晚。他非常羨慕在熱門部門工作的同事，感嘆只有自己得在這種地方上班？

後來被委以領導者的任務之後，他才開始慢慢地產生自信。然而，有一次，他好不容易建立起來的自信整個崩毀了。

「工廠負責人打電話進來，說我設計的生產線機械無法運作。我趕忙跑到現場去，卻完全找不出原因來。結果稍後前往現場的上司只說了一句：『只是電纜線鬆掉一根而已』，對我的處理態度大感愕然。當時我好不容易才建立起自己什麼都能做的自信，卻在這種時候派不上用場，我覺得自己好沒用。」（日本經濟新聞《我的課長時代》）

為工作，死而無憾

二十八歲，樋口當電腦機器設計部門的經理時，直接和顧客——日本ＩＢＭ互動。他從那個時候開始就一直有個願望「我想從事全球性的工作」。他立志要取得ＭＢＡ學位，而很幸運的，他進了哈佛商學院。

可是，他太過消極、沒有自信，在全程以英語進行的課堂上，他難掩緊張。進入商學院就讀並不代表所有的人都能順利畢業，考試成績在後半段的人中途會被退學。於是樋口努力地進行堪稱是「人格改造」的行動，以期自己能在課堂上積極地發言。他一邊振奮幾乎要被淘汰的自己，一邊爲了做完沉重的課題，忍著差點要抓破頭的勞累，每天過著被學習活動追著跑的日子。

樋口順利地取得ＭＢＡ之後，便轉換跑道到他一心想進入的環球企業波士頓諮詢集團去。但是，他在這裡再度經歷了挫折。他明明已經努力到身體所能承受的最大限度了，但是，表現出來的工作品質卻不是那麼地高。這是他三十五歲左右的事。

「我也曾經在做某個專案時，爲了準備最後的報告而連續幾天徹夜未眠。（略）熬夜個一兩天倒還可以。但是，連續幾天不睡覺，腦袋就轉不動了，整個身體搖搖晃晃的。當我在顧客那邊做完最後的報告，回到公司時，已經累到連站都站不住了。然而，我卻還是沒辦法休息。（略）會議的內容完全沒有進入我的腦袋。不但如此，我漸漸地感到喘不過氣來，視野一角開始變暗，說話者的聲音聽起來也越變越遠，臉部和手腳都產生了麻痺感。我就這樣坐在椅子上，整個人失去了意識。」（《「愚直」論　我是這樣當上社長的》）

這眞的是達到重度工作的極致了。而且，當時樋口到醫院打完點滴之後，又立刻回到工作崗位去。之後歷經蘋果電腦的工作經驗，後來坐上日本ＨＰ的社長位子。

二〇〇五年，樋口被Daiei的社長網羅。該公司正處於瀕死的狀態，對於重整的工作，人人都猶豫不決。從ＩＴ產業轉任流通企業的社長，身邊的人都爲他感到憂心，但樋口本身有著幾近「爲工作死而無憾」的信念。結果，他做了一年多就退了下來，接著又將舞台轉移到微軟，仍然表現出他在工作上賣命的態度。

樋口認為，工作上的苦惱是將來的糧食，是成長的契機，也許人只有經過失敗和挫折才能成長吧？擁有華麗而燦爛生涯的人，私底下也體會過相當程度的辛苦。

Chance 17

新創的衛星廣播事業徹底失敗，自覺不足與脆弱後，走上成功之路。

CCC會長

增田宗昭

一個企劃造就出「CCC」

書籍、電影、音樂……二〇一一年，集成人娛樂活動於一的焦點在代官山誕生了。那就是蔦屋書店（TSUTAYA）。是的，那家名聞遐邇的TSUTAYA成立了與一般的連鎖店大異其趣的酷炫商店。這是TSUTAYA的營運母體——Culture Convenience Club（CCC）創始人增田宗昭最樂在其中，可能也帶有個人本身興趣在內而成立的商店。

增田出生於一九五一年大阪的枚方市。從同志社大學經濟學部畢業之後，一邊在成衣零售店鈴屋工作，一邊在當地枚方的車站前面經營一家唱片出租店「LOFT」。因爲生意出奇地興盛，他在一九八三年辭掉了工作，開設了TSUTAYA的前身——蔦屋書店。他以建蓋在老家土地上的公寓房租收入爲資本，加上來自親人們的合力出資，擬定了詳細的經營計畫，這是他踏出的第一步。

蔦屋書店的經營上軌道之後二年，他就想成立一家世界第一的企劃公司，創立了CCC。主要的業務是CD、DVD出租店等共同連鎖店的營運，然而增田自始至終都只把這項業務定義爲CCC的企劃之一而已。

增田遵循這個定義，投入了其他領域的事業，他成立了當時頗受注目的CS廣播「DirecTV」。

DirecTV的總公司在美國。日本方面在增田的主導下，成立爲合營事業。經營的夥伴包括松下電器產業、大日本印刷、三菱電機、三菱商事等日本首屈一指的大企業，由眾人一起出資。一九九七年開始提供衛星直播服務。他跟隨超級企業的腳步前進，投入一直處於寡占狀態的電視業界……對以風險投資創業起家的增田而言，這是一場重大的勝負之戰。

追隨超級企業開創新事業，徹底失敗

可是，就結果來看，這個事業是以大失敗告終的。加盟者完全沒有增加，二〇〇〇年結束服務，廣播公司也倒了。

現在，增田靠著TSUTAYA的業績順利地成長，然而此時的失敗似乎對他造成了極大的負荷。日後他這樣陳述自己的感受：「我想失敗的原因完全在於我的能力不足。」（《情報樂園公司》以下若無特別陳述則同上）。從此，除非情況特殊，否則增田都無意涉獵媒體業了。就算有媒體提出要求，請他針對當時的狀況接受採訪，也幾乎都被拒絕了。

DirecTV失敗的原因在於東拼西湊而成的組織。他想和合作生意的夥伴——大企業員工一起工作，但是對方採取全體人員一起投入的態勢，一點都沒有爲DirecTV這間公司效力的想法。因爲都是大企業裡的員工，自尊也倍於常人。我們比小小的風險投資企業要優秀，只要跟隨我們的腳步就好了——前來工作的大企業員工們的心中應該是有著這樣的優越感。

另一方面，增田是剛剛起步的創業家。他一定是有著遠大的夢想，充滿了可以與大企業合作，自己可以在既成體制的世界當中獲得認同的興奮感。而且，他又是日本方面最大的出資者，主導權在ＣＣＣ。這使得他有著野心，認爲自己可以實現夢想，成爲足以代表日本的大企業。

這樣的自傲與自尊的磨擦導致公司的營運失衡。因爲是由各路人馬拼湊而成的組織，責任的歸屬不明確。大企業自始至終都只考慮到自家公司的利益。這也成了增田的問題之一。日後他在與《幾乎日報101新聞》的糸井重里對談時有以下的談話。這是不喜歡接受採訪的增田難得聽到的原音重現。

「拜此之賜，我差點就沒命。（略）如果有人要問，當事業不如想像中地順利運作時會變成什麼樣子，我只能說，那種感覺就好像自己看著的風景失去了立體感，整個變成了平面。也沒了味道。完全像是一幅靜止的圖畫。（略）因爲景色是「平面」的，所以不管是白天或夜晚，一切都沒了眞實感。」

如果是自己的公司，就可以把自己的想法定位爲最高指導原則，做出決定。然而，當自己的意見和大企業派來的人員相左時，事情就沒有這麼單純了，連增田都無法發揮他本來具有的力量了。

「『這樣下去就無法重整了……我是誤入歧途了。』我想，身邊的事物看起來會變成平面是從我有了這個覺悟，放棄一切的時候開始的。（略）那種感覺就像和自己之前的風格不相容的人們來到身邊，一塊一塊地切下我的肉帶走一樣。（略）當時最讓我感到苦惱的便是

『原來人就是這麼一回事啊』的絕望感。（略）回首自己所做的事情，說穿了就是一句『莫名其妙』！」

解決兩百億日圓的債務

鮮少有經營者會如此率直地吐露自己遭受挫折時的心情。對經營者而言，放棄等同死亡。能夠把話說得這麼白，或許是增田已經能夠對當時的自己做一個總結吧？應該說，就因爲這樣，所以他才能死而復活。

俗話說，有失必有得。增田賣掉了之前出資的樂天股票來塡補個人所負的兩百億日圓的債務。然後專心於本業，CCC的業績也因而更上一層樓。

重大的失敗會左右人的一生。如果是個上班族，會影響到日後的成功之路，如果是經營者，就會陷入就算吐出自己的所有一切都難以回收的困境。

然而，只要拚命往前走，就會有人伸出援手。就因爲承認失敗，對自己的不足和脆弱有所自覺，所以增田才得以東山再起。他說「DirecTV的失敗是個特級的失敗」，另一方面，他也認爲**「在讓自己茁壯的過程當中，一定會伴隨失敗的風險，成長和失敗是一體的兩面」**。

即便遭遇重大的失敗，還是可以復活，從滑落的谷底還是可以看到某些希望。長達幾年失去了信心，覺得一切都是失敗的，精神上持續處於痛苦狀態的增田也表示：「雖然有過重大的失敗，但是我可以把它當成是對我或ＣＣＣ來說，只是一次爲了接下來的成長而存在的一次失敗。」

存活下來的每一個經營者，都有著不論面對什麼失敗，還是要重新站起來的鬥爭心。然而我個人認爲，在他們的高度生存能力當中還存在著另一個重要的因素，**那就是不論遭遇多麼棘手的事情，都沒有忘記「對自己的期待」**。

深信自己的前途是光明的，把即將要陷入黑暗狀態的精神切換到正面方向。人不就是靠著這種力量才能開啓人生之路的嗎？

Chance 18

因為資金周轉困難，拿自家抵債，只差一步就破產，終於將聯網事業推向高峰。

IIJ會長

鈴木幸一

與一般世人「四十幾歲的人生設計」背道而馳

說到IIJ（INTERNET INITIATIVE JAPAN），這是日本第一家網際網路供應商，是號稱大企業和公家機關擁有相對多數持股的企業。創始人——現任代表董事社長鈴木幸一出生於一九四六年。早稻田大學文學部畢業之後，就在日本能率協會從事諮詢工作。三十五歲時獨立為自由諮商師。

然而，他不是在獨立之後就立刻自行創業，他辭職是因為和上司起了爭執而離開的。辭掉上班族的工作，獨立創業的人通常都需要有很大的決心，然而鈴木的情況卻有點不同。他這樣說：

「如果無所事事，一般人就會對將來感到不安。可是，我並沒有這種想法。我覺得到處都可以找到餬口的方法。我做過各種不同的工作。我曾應現在的WTO的要求，前往倫敦拿日美歐各國的尖端技術做比較。也曾經接到本田宗一郎先生和五島昇先生的訂單。」（日刊現代《成爲話題的經營者們》以下同）

基本上，他以自由工作者的身分，接觸過各種不同的工作，他也就是在這種情況下接觸了網路。四十六歲時，他成立了IIJ的前身——IIJ企劃。剛開始時，他在沒有時間過年的情況下，在沒有空調的辦公室裡踏出第一步。

身爲網路的通訊業者，他火速向郵政省提出事業許可證的申請，但是因爲是新公司，證件遲遲沒有發下來。再這樣下去，眼看在開始提供服務之前，公司可能就要倒閉了。儘管如此，他還是只能等待。他在小酒館裡點了大碗的炒麵當點心兼主餐，和員工們喝喝小酒。他每天就是這樣喝著喝著，總算找回了一些元氣。

「我打一開始就沒有一般四十歲左右的人那種無論如何都要保有人生設計的藍圖，或最低限度的生活水準的概念。但是，我覺得網路並非一定要是我才能成功。可是，我很討厭發薪日。我付不出薪水，就會躲進桌球場去打一整天的桌球。真的無計可施的時候，人都會選擇逃避吧？如果性格是比較會鑽牛角尖的話，我可能就會自殺了。」

開業一年後的一九九三年十二月，他終於江郎才盡，使得他必須有所覺悟，自己會走上破產一途。賭上人生的這項挑戰逼得他走到失敗的懸崖邊緣。

「十二月三十日的夜晚，一個我信得過的銀行界朋友也棄我而去。當天晚上，我突然一轉念，帶著老婆和孩子前往沖繩。抵達沖繩時，天還下著小雨，我還在心裡想著，哪有什麼海啊？」

事情在這裡有了轉機。一月三號，鈴木下定決心，他把自己最後的棲身之所——自宅做了處分，籌措了一筆錢，拿去做爲一生一世的賭注籌碼。他把多次刁難的郵政省幹部叫了出來，進行了一場激烈的對戰。「我逼問那個幹部，你說我的案件有很多瑕疵，事實上是每次我提出申請，你就把門檻提高。現在給我說清楚，什麼樣的條件下，事情不會再生變數。」

一九九四年二月底，許可證終於下來了。從他開業算起，已經過了一年兩個月了。因爲他是日本國內第一個聯網的服務，一年半之後，就有三百家公司簽了契約。發展速度非常快速，一九九九年，他就做到了日本國內企業的創舉，公司的股票在沒有經過東京證券的情況下，直接在美國那史達克上市。

不受限於世俗眼光，夢想可以無限大

可是，他的企圖心並沒有就此獲得滿足。

他很快地就在二〇〇〇年讓緊接在主事業體之後設立的Crosswave Communications（ＣＷＣ）在美國那史達克上市。這個企業就是在推展目前所謂的雲端電腦，他有個目標，那就是要在日本全國各地鋪設寬頻網路。

然而，二〇〇三年，ＣＷＣ突然遇到了瓶頸。

「營業額曾經高達三百億日圓，再五個月左右就可以將帳面轉爲黑字的時候，因爲發生了SONY風暴，使得整個股市大暴跌。SONY和豐田都表示想回歸本業，後援突然就不見了。銀行方面也如火如荼地推行嚴格的貸款限制，不再貸款給業績呈現赤字的公司。」

因爲找不到資金周轉的對象，ＣＷＣ終於申請公司更生法。在盛夏舉辦的債權人大會上，他成了眾矢之的。

「可是，我當場並沒有向眾人道歉。因爲我堅信我做的是對的事業。但是，因爲我失敗，造成大家的困擾，所以有人要求我道歉。對於造成大家的困擾，我是感到很抱歉，不過，我一直堅持，這個事業是正確的，結果大會持續開了四個小時之久。這是一場耐性之戰。我的神經是夠粗壯，但是感覺總是不舒服。」

事後，有人稱讚他是「第一次看到破了產還不肯低頭道歉的經營者」。

「那時候沒有任何一件事情是愉快的回憶。一大堆報社的記者想堵人，讓我有家歸不得。我總是一個人在住家附近營業到早晨的居酒屋裡喝悶酒。那眞是人生當中最寂寥的時候。之後，我在ＩＩＪ的員工面前發表了一場有尊嚴的退場演說。而且，在那一年，我努力地調升ＩＩＪ的員工薪水。我沒有辭退任何一個人。因爲ＣＷＣ在破產之後的下半期也由赤字轉黑了。」

後來，ＩＪＪ持續踏實地經營，二〇〇六年，股票在東證一部上市。現在的營業額高達一千億日圓以上。

我曾經爲了採訪而去會見鈴木先生。他是一個飄然自在的人，事實上，看起來是個相當能幹的戰略家。鈴木先生以他天生的正向精神度過了一次又一次的危機和失敗。也許是因爲他有「以網路技術改變世界」的堅強意志，然而，他與一般俗世的死板觀念「三十歲就應該要這樣做」「四十歲就得是這個樣子」背道而馳的態度也有很大的影響。**死板的概念可能會縮小整個世界，讓自己陷入框架當中**。

創業者基本上是被歸類爲少數派的。我們也可以說，成功者的人數不多。只要不受限於固定觀念，世界可以擴展到無限大。如果失敗了，太過在意世人的觀念和說法，那就什麼都做不成了。**不管是上班族還是經營者，想要走得比別人快一步，就不能受縛於世人的看法**，這是很重要的一點。

Chance 19

被迫離開自己一手創建的企業，以近乎執拗的集中力，拯救了蘋果電腦。

蘋果電腦創始人

史蒂夫・賈伯斯

距「好社長」的稱號有千里之遙

二〇一一年，蘋果電腦（Apple）的創始人——史蒂夫・賈伯斯之死讓許多人爲之扼腕。他是IT的偉大改革者，也是爲全世界所愛戴的經營者。

可是，再也沒有其他人像賈伯斯那般，距離一般常識或世俗所謂的「好社長」那麼遙遠了。那麼，所謂的「好社長」是什麼樣的人物呢？啓蒙專家戴爾・卡內基（Dale Breckenridge Carnegie）有一本書叫《如何影響他人》。發行於一九三七年，卻是長銷書，至今依然爲許多讀者所選讀，是不可或缺的商業用書。卡內基是這樣陳述領導者的要素的：

首先是誇讚，接著是委婉地提醒注意，最後詢求對方的意見代替下令……

如果和這些要素做個比對的話，賈伯斯幾乎沒有資格當領導者。從創立蘋果電腦之後，他就一直是這樣的。他不懂得如何管理大批的人員。一旦開始做一件事情，就會立刻掀起漫天狂濤。就好像以時速九十哩飛翔的蜂鳥一樣，只喜歡到處亂飛──公司內外的相關人士似乎都有這樣的聲音。

賈伯斯不是精英份子，既沒有上過成爲飛黃騰達的經營者途徑──商學院，也沒有取得MBA學位。他出生於一九五五年。青年時期正是越戰即將停息，學生運動的風潮漸熄，學生們變得低調的時候。當時，同學們感到最驚訝的是他的集中力。只要是他有興趣的事物，他就會近乎極端地投入其中。話不多，與人對話時總是定定地看著對方的眼睛，就像要看進對方的靈魂深處一樣。當他提出問題時，就會目不轉睛地看著對方，直到對方給他答案爲止。

受到時代的影響，賈伯斯在就讀美國里德學院（Liberal Arts College）期間也看過《無黏液節食法》和《合理的斷食》等書，沉溺於與精神及肉體相關的哲學性思維當中。他會去印度，或者參加形而上的研修會。日本人所寫的《禪意初學者．心智》對他造成很大的影響，除了看了許多與佛教相關的書籍之外，他對日本也有強烈的憧憬之情。這種精神上的游移傍徨使得賈伯斯在就讀大學時中途輟學，脫離正軌。

創立蘋果電腦的時候，賈伯斯也曾經爲了要追尋他信奉的神祕主義還是以電腦事業爲重而遲遲難以下決定。他在創業時給人的印象是個不服輸的小毛頭，「赤腳、一頭髒亂的頭髮、精神不正常」的模樣讓許多大人都不想多看他一眼。他只是一直說要站在萬人之上，卻怎麼看都不像是踏實地前進的類型。

然而，賈伯斯不在乎外人對他的反感，在創業之後，以二十幾歲的年紀就構築起了一個全新的時代。然而，一九八四年，賈伯斯犯了一個致命的錯誤，他誤判了麥金塔電腦（Macintosh）的需求預測。蘋果電腦因而出現了過剩的庫存，造成大幅的赤字，使得他不得不辭退相當於五分之一的作業員。公司內部認爲，造成經營混亂的原因在賈伯斯，於是董事會決議要解除賈伯斯的職務。賈伯斯抗爭失利，便離開了蘋果電腦。時年三十歲。

沒有必要遵循世俗的規範

之後賈伯斯投入NeXT、皮克斯動畫工作室（Pixar）的經營，也獲得了相對的成果，然而，他還是掛心蘋果電腦。由於蘋果電腦沒能成功地開發自家公司的OS，賈伯斯便建議用NeXT的軟體做爲下一期的備用OS。九七年，蘋果收購了NeXT，賈伯斯也因此回到了蘋果電腦。成爲蘋果電腦的顧問之後，賈伯斯竭盡全力在社內發動政治整肅，把與他反目的員工們都趕走了。二〇〇〇年，他終於坐上蘋果電腦的CEO寶座。

根據相關人士的說法，九〇年代，蘋果電腦的內部一片混亂。完全陷入惡性循環當中。品質有問題的製品四處橫流，遭到媒體的追剿。員工的士氣低落，好人才相繼求去，只剩下不堪用的人才穩坐高位，有人說，公司的劣質化已經到了像漫畫一般誇張的程度。再度回到蘋果電腦的賈伯斯對這樣的情況做了徹底的改革。他持續進行大幅度的人員削減，沒賺錢的事業也咬牙收掉，等於是釜底抽薪，斬斷惡根。

蘋果內部有一個叫ATG（尖端技術組）的部門，有很多將論文發表於學界的名人在裡面工作。他們從事各項研究，卻創造不出任何利潤。而且行徑囂張，自以爲比社長偉大。那是每個公司員工嚮往的部門，賈伯斯卻將整個ATG徹底的重整。「賺不了錢的人沒有用處」的強烈訊息在公司內部宣傳開來，等於是下達了「要自吹自擂也請便，總之，只要給我好好工作就對了」的命令。自從賈伯斯回來之後，公司內部本來強調的民主精神風氣一變而爲「不喜歡就走人」的氛圍。只要賈伯斯的一句話，就可以讓人走路。甚至有傳聞指出，有人因爲忘了擦掉白板上所寫的議事紀錄就被解雇了，當然此事並沒有獲得證實。有很多員工都表示，不喜歡跟賈伯斯一起工作。

星野於一九六〇年出生，是長野縣輕井澤町的老字號旅館星野溫泉的第四代傳人。從中學就進入慶應義塾大學就讀，一直到大學畢業之前，他都在打冰上曲棍球，是一個熱愛運動的青年。慶應義塾大學經濟學部畢業之後，爲了將來繼承老家的家業做打算，他進了旅館經營名校——美國的康乃爾大學（Cornell University）旅館經營研究所就讀。修完碩士課程之後，進日本航空開發（現・JAL HOTELS）工作。在芝加哥的兩年當中，從新旅館的開發到開業的業務他都有所涉獵。

一九八九年回國之後，他以副社長的身分進家族企業星野Resorts工作。然而，他竟然在六個月之後就離開了那個地方。

問題在於星野和員工的目標有著巨大的落差。一邊是在美國的研究所學習最新的旅館經營的知識，想革新家業，意氣風發的青年。另一邊則是長年在傳承了好幾代的老字號旅館裡持續做一些日常工作，保有相對自尊的員工們。就算是旅館繼承人，他們也由不得別人對自己的工作說三道四。針對星野所提出的新型經營方式，就總論來說，他們是贊成的，但是就各自立場來說，卻又堅決反對。星野陷入了員工們表面服從，背地裡我行我素的困窘狀態。

這種案例經常發生在社長第二代、第三代，代代相傳的家族事業的世界裡。員工們無法信任在優渥的環境下長大的公子哥兒。以前我去採訪星野時，他這樣說：

「（被趕出家門之後）我覺得自己再也回不去老家了，所以就想先找個可以賺大錢的工作來做，便到花旗銀行上班。我負責的是花旗銀行提供融資的休閒飯店、旅館等不良債權客戶的欠款催收工作。這是很有趣的一份工作。」

一百名員工只剩三分之一，沒有人要應徵

儘管如此，家業畢竟是家業。一九九一年，他再度回到老家，也了解到，總論贊成，各自反對的情勢是沒辦法推動公司業務的。於是，他決定讓對他的做法有異議的員工即刻離職，就此展開了由上而下的業務管理。

可是，他付不起高薪給員工，休假又少。或許是受不了被要求提供與一流的旅館同等服務的關係吧？星野回過神來時發現，原本一百名的員工只剩三分之一了。為了想辦法確保人才，他主動求救於職業介紹所，卻遲遲沒有人來應徵。某一天，他看著職業介紹所的告示牆，發現有人在上面塗鴉「到星野去會被殺」，為此他受到嚴重的衝擊。

「一九九三、一九九四年的時候最辛苦了。因為我一直待在輕井澤，一年三百六十五天，天天到公司上班。我沒有休假，每天都要費神地確認員工明天會不會來上班，天天熬夜晚歸。召募員工是當時最重要的課題。早上有人沒來上班，我還得跑到家裡去叫他們起床。

員工一旦被激怒，就會提出辭呈，我就是這樣一天過一天的。」

可是，不管失敗多少次，星野都不氣餒。

「企業的第二代、第三代都會面臨這樣的情形，但是我認爲這就是做自己想做的事情的證明。一九九二年擔任社長之後，一直到九〇年代後半才開始出現成果。我請媒體做報導，然後又接下企業重整的案件。我貫徹了自己所做的工作，但是就結果來說，卻花了我十年的時間。」

繼承家業，經過十年多的經驗使星野變得更堅強。現在星野的身上已經沒有一絲一毫被稱爲公子哥兒的色彩了。

Chance 21

上市後，面臨公司被掠奪的危機，堅信未來就算出現困境，都要貫徹自己的信念。

Cyber Engine社長

藤田晉

高人氣創業者的孤獨與絕望

Cyber Engine社長藤田晉目前和樂天社長三木谷浩史同爲網路業界的巨擘。他脫離保守財經界的開山始祖——經濟團體聯合會，和新興勢力結集，除了在三木谷成立的經濟團體——新經濟聯盟擔任要職之外，也經手包括網路的廣告代理到部落格、社群遊戲、風險投資等業種在內的本業，成立公司之後的十五年，營業額超過了一千億日圓。堪稱是同世代的經營者當中最具穩定感的人。

九〇年代後期，我採訪他時正是他創業之後幾年的時候。藤田一副邋遢的樣子，埋首於眼前的工作當中。當時他人在表參道的辦公室裡，整個人纖瘦無比，雙眼因爲睡眠不足而發紅。

當時投資網路風險事業的社長們也許都處於類似的狀況。舉例來說，livedoor的名稱還是On the Edge，堀江貴文在六本木的住商大樓裡埋頭苦幹。他的名片是黑底白字，上頭以比平常人的名片還細小的字印著他的名字。當時他宣稱想要創立一家專營太空旅行的公司，有過從東大哲學科輟學的經歷，不知道爲什麼，他的異端形象深深地留存在我心中。

此外還有開創「支援風險事業」這個新興事業NetAge（現・motionBEAT）的西川潔。他是從事網路事業的創始人集合起來一起創立的，以前的Bit Valley的核心人物。他的辦公室也在澀谷區松濤一帶，一樓是一間牙科診所的小物件。他把本來是住家的二樓當辦公室使用，因此，我還記得當時他在榻榻米上擺放了一張桌子，拉起紙門來接受採訪。年輕的員工們在狹窄的辦公室裡晃來晃去，mixi的笠原健治當時也在其中。身爲風險事業新創始人的他獲得西川等人的投資，傾全力構築事業。

過了十幾年。經歷多次的失敗和反覆的嘗試錯誤之後，網路風險事業漸漸地改變了面貌，現今受到矚目的主流變成是社群遊戲的相關事業，主戰場從電腦轉移到智慧型手機。以網路專業的廣告代理商起家的藤田，度過了激變的時期存活了下來，目前仍然在主流戰場上決勝負。

然而，藤田也有過危機。在他的著作《在澀谷工作的社長的告白》一書的開頭，他這樣描述當時的心理狀況。

「我被迫站在絕望的深淵邊緣，眼前是無止境的黑暗，我看不到路上過往的行人，這個世界沒有人與我為伍。我的面容憔悴，神經快要抓狂了。這個世界裡只有我獨自一人。我好孤獨。」

千呼萬喚始出現的救世主

一九七三年出生於福井縣。父親是在佳麗寶工作的平凡上班族。曾經就讀於青山學院大學經營學部，卻鮮少出現在學校，倒是勤於在風險事業的廣告代理公司打工。

一九九七年，大學畢業之後，他到人才介紹公司 Intelligence去上班。隔年獨立出來，設立網路專業的廣告代理商Cyber Engine。創業之後短短的兩年，就在東證Mothers（Market of the high-growth and emerging stocks的簡稱）上市。概括說來，網路企業的營業力都很弱，大半都仰賴廣告收入。這時，及早成立網路營業專業公司的創意成了一個突破點。

當股票上市時，創業者頓時就成了有錢人。以網路企業而言，就算現狀呈現赤字，營業額不到十億日圓，經過核算，有時候時價總金額也會高達數百億日圓。因爲市場對其業務的將來性有所期待，但那只是股票時價的合計，事實上是一種紙上畫大餅的狀態。就算拿到資金收益，創業者也要歸還之前以個人擔保的方式所貸的款項，爲了保有支配權的泉源——持股比例，股票也不能脫手出售，有時候甚至還要增資購買股票。事情並不像一般人所想的那麼單純。話雖如此，至少能夠有以億爲單位的收入，所以應該可以成爲比一般人的平均所得要高很多的有錢人。

Cyber Engine是在網路泡沫化達到顚峰時上市的，因此雖然還是家尚未創造出利潤的赤字公司，卻也進帳了二百二十五億日圓的資金。但是，當時網路企業的設備投資金額不多，一時之間也不知道該如何運用這筆錢。很多上市的風險投資企業都把資金再投入風險投資當中。因爲投資者也有希望盡快解決赤字的壓力問題，所以往往會把剩餘的資金投資到可望與本業達到相乘效果的風險企業當中。而且，海外也有網路風險企業進出日本，各個陣營宛如進行對戰似的不斷地反覆進行投資或收購的行爲。

可是，這裡有個巨大的陷阱出現了。因爲像正待發育的雛鳥一般的風險投資企業會擁有大筆的資金，於是便出現了許多企圖將整個雛鳥都據爲己有的經營者們，藤田也被這些人鎖定了。再加上二〇〇一年網路泡沫整個崩毀，股價急速下跌。業績也達不到目標，帳面上一直處於赤字的狀況，以高價購買股票的股東們莫不勃然大怒。以高價出售股票的員工們紛紛離職。對鎖定Cyber Engine的經營者而言，這是最容易收購的環境條件了。網路上也出現了許多閒言雜語，像是「藤田還錢來」「騙子藤田」。

有意合併的人也包括GMO網路的社長熊谷正壽，以及村上基金的代表村上世彰。熊谷社長說：「藤田，我可以投資二十億到貴公司哦！」村上則挑明了說：「媒體事業根本不算什麼吧？不妨把企業專業化，變成實力堅強的代理事業吧？」（《在澀谷工作的社長的告白》以下同）。

藤田爲股價的事情想破了頭，拒絕被人收購，最後他想到了「再這樣下去，可能會被GMO所收購。既然要出售，宇野康秀社長會是比較理想的選擇」。他是藤田在成立公司時的出資者，是Intelligence社的社長。

可是，當他去找宇野社長，請他收購公司時，對方卻開導了他一頓：「我才不要你的公司呢。你是抱著這種心態經營的嗎？回去好好想想吧。」藤田面臨了人生中最大的危機，他苦惱、痛苦得幾乎要精神崩潰了。

最後幫他度過危機的人是樂天的三木谷。三木谷對他說：「我聽說了。我打算出資。你的風險投資公司就要被賤賣了，我得出手相助才行。」從網路事業的草創時期就和藤田一起被媒體視爲新進經營者的三木谷或許是爲在同樣的業界，一起辛苦奮鬥過來的同伴著想。三木谷社長收購了GMO的持股的一半，藤田也終於順利地度過了難關。

幾個月之後，藤田對三木谷說明新業績的時候，雙方有這樣的對話。

「三木谷社長，這四個半期的結算好像很吃緊……」

「是嗎？」

「我想，得想辦法保住黑字才行……」

「那好啊。我們要的不是更中長期的經營嗎？（略）既然如此，就貫徹自己的信念吧」。

日後藤田這樣陳述內心的感想：

「我太年輕，而且不夠成熟。（略）（《成立代表二十一世紀的公司》。今後不管再發生什麼事情，都不會扭曲自己的信念）。我堅定地下了這個決定。」

採用有幹勁的年輕人才

之後，藤田和lifedoor之類的風險投資劃清界線，一心鞏固公司內部的體制。舉例來說，使得發展初期的Cyber Engine壯大的便是從大企業轉換跑道而來的年輕員工們。藤田決定採用他們，因爲他從中看到的優勢爲大企業出身的人，在能力方面應該是有保障的。而且，因爲只有幾年的業務經驗，還沒有染上大企業的壞習慣。既沒有莫名其妙的既定觀念，也可以迅速轉換思考方式。而對轉換跑道而來的員工而言也有好處，那就是，他們一進公司就可以居於身負重任的地位做事。

因爲自己也是人才介紹機構出身，所以藤田打一開始就大力採用包括剛畢業的新人在內的菜鳥，投入大量的預算。他從一開始就有自覺，**公司的成長與人才的素質有很大的關係**。**以全權委任的方式，把新開創的事業交給員工去執行，有幹勁的員工就會更帶勁地工作**。藤田因爲「全權委任」的做法，而使得公司大大地成長。

經典名句

送給不放棄的你

★就算起步得晚，也沒有什麼問題。

★想要走得比別人快一步，就不能受縛於世人的看法。

★成功者只有一個共通點：那就是發揮「該做的時候就做」的能力。

★死板的概念可能會縮小整個世界，讓自己陷入框架當中。

★失敗時因為放棄所以才會失敗。成功時繼續努力，就會獲得成功。

★不管處於什麼樣的狀況，都要保有明亮開朗的心境，為眼前的工作盡最大的努力。

第 4 章

跳脫「年紀大不可能創業」的世俗框架

在第四章，我們將見識到晚熟而得到巨大成果的獨特生存方式。本章要傳達的信念就是，**每個人都有各自不同的成功＝突破——的時期**。

希望大家試著針對人的成功時期做個思考：一般人總是覺得越早成功越好，旁人看來也格外艷羨。然而，其實這是相當棘手的事情。人生是很漫長的。現在，一般人的平均壽命已經延長到八十歲左右了。假設六十歲時按照法令退休，之後我們還得活上二十年。而且，身爲名人，籠罩在聚光燈下、事業成功、擔任公司社長之類的人生顛峰是不會一再降臨的。如果在三十幾歲就迎接顛峰的到來，往後或許就再也沒有機會了。

所以，希望各位不要焦急。**就算一再面臨失敗或挫折，也不要心浮氣躁**。有時候，我們會被「世俗的眼光」所看到的年齡制約所惑。「三十歲之前一定要結婚」「三十五歲以上就不能換工作」「四十歲就要決定未來的人生設計」「超過六十歲就不能創業」……這究竟是誰規定的啊？

成功者是在世俗的觀點和制約之外誕生的。**每個人都是「例外」**。仔細想想，這是理所當然的，**做一些和別人一樣的事情是出不了頭的，我們不需要刻意拿自己的人生去配合別人的看法**。

Chance 22

三十九歲發表「人生歌業宣言」，之後創立摩托車商品化的事業。

本田汽車創始人

本田宗一郎

真正的起點在四十歲之後

本田宗一郎是一位很受歡迎的人。在日本的創業者當中，他或許是最有人氣的人。他不但獲得經營者的尊敬，技術人員對他也崇敬有加。他雖然是大人物，卻喜歡開玩笑，不會擺架子。他同時也是一位不妥協，徹頭徹尾的技術專家，看起來，他覺得把玩機械的樂趣更甚於經營事業。

SONY和本田被譽爲戰後復興的象徵。SONY的創始人井深大和本田宗一郎都是技術人員出身，兩人意氣相投。井深大的夥伴盛田昭夫是把SONY培育成國際性企業的大功臣，據說他偏好管理和市場學。然而，盛田也會在自家的起居室裡擺放競爭對手生產的立體音響，經常會聆聽比較彼此在音質上的好壞。根據盛田妻子的說法，只要有時間，他就會埋首把玩機械，就本質上說來，他根本就是個「喜歡機械的少年」。有道是因爲喜歡，所以才會專精。

眞正的技術人員是很單純的。就像把玩電腦的少年日後成了比爾・蓋茲和史蒂夫・賈伯斯一樣，本田宗一郎也是一個被引擎所魅惑的愛好機械少年。然而，他在成爲「本田的本田宗一郎」之前可是花了很漫長的時間。他的起跑點並不是那麼早，或許說起跑得晚還比較中肯。

本田的人生在戰後有了重大的變動。說得再含蓄，那都不能算是青年的年紀。在一般人所說的中年，也就是即將四十歲之前，他的人生整個轉變了。

三十九歲「人生歇業」

本田於一九〇六年出生於靜岡縣濱松市。普通高中畢業之後到東京，從位於東京本鄉的汽車修理廠Art商會的小學徒開始做起。累積了六年左右的經驗之後，以分店的形式，成立了Art商會的濱松分店獨立作業。這時他二十二歲。

之後，在順利擴大汽車修理工廠之餘，本田成立了汽車零件製造——東海精機重工業，也獲得成功。儘管如此，以他高中畢業的程度，在知識層面上還是有限度的。三十五年，他進了濱松高等工業學校（現．靜岡大學工學部）機械科當旁聽生，花了三年的時間投入金屬工學的研究當中。

三十三歲時，他把Art商會濱松分店的事業讓渡出去，專心投入東海精機重工業的經營。然而，後來由於豐田汽車出資該公司，本田便退居專務之職。戰爭結束的一九四五年，東海精機重工業濱松工廠因爲三河地震而倒塌。不知道是感到厭煩了，還是疲累至極，本田將所擁有的東海精機重工業的所有股票都賣給豐田汽車，離開公司，以「人生歇業」爲名，休養了一年之久。

希望大家注意的就是這一年的時間。本田不做任何工作，用出售土地和股票所得的資金製造合成酒，研發製鹽機，從海水中提煉出鹽巴，拿來換米，總之就像是在遊戲人生一樣。這是本田三十九歲時的事情。

現代人的苦惱時期也是從三十五歲之後到四十五歲之前的這段時間。尤其是**一般上班族都會面臨抉擇——應該繼續在公司待下去呢？還是應該到其他的地方做新工作？或者應該獨立出去呢**？就年齡方面來說，此時也正值人生的轉捩點。

就因爲這樣，所以我們也需要有深思熟慮的時間。事實上，成爲創業家的人有很多都是經過一至三年的準備期間才創業的。任何人都不可能一朝一夕就決定自己的人生。**我們需要有一段將自己變回一張白紙，重新設定人生的期間。**

本田在三十九歲之前也是一位相當活躍的經營者，他將汽車相關事業的規模做大了。他本身也具備某種程度的資產。但是，如果他持續這樣下去，就不會有後來的本田宗一郎了。尤其是以他當時的年齡來說，要再創立新公司似乎是有點晚了。想要再度挑戰，就需要有足夠的時間，就像要跳得高必須先往下深深蹲踞一樣，所以他需要有一年的暫停時間。本田完完全全把那段時間用來遊戲人間。

「我也想幹大事業」

本田的新出路是在某個時候突然想到的。

戰爭結束時，他看到妻子每天辛苦地騎著腳踏車出門採買用品，便想到「如果安裝上引擎的話，出門購物就變成樂事了」。於是他開始研究摩托車。一九四六年，他成立本田技術研究所，自己擔任所長。他在腳踏車上裝上拍賣得來的通訊機所使用的引擎，開發出腳踏摩托車，稱爲「巴達巴達」，吸引了世人的注意。他在車上裝上用保溫壺製作而成的燃料箱，騎著這輛轟然作響的車子四處飛奔的本田夫人，引起了街頭巷尾的議論。

一九四八年，他在濱松設立了本田技研工業。以資金一百萬日圓，二十名工作人員開啓事業，開始進行將摩托車商品化的作業。

當時他四十二歲。就在那個時候，他的同鄉古橋廣之進在游泳項目中打破了世界紀錄，被稱爲富士山的文鰩魚。「我也想幹大事業」，以進軍世界爲目標的本田宣布要參加被稱爲兩輪車奧運賽的「英國The Isle of Man Tourist Trophy Race」。「本田宗一郎」的全新人生眞的就從這裡眞正開啓了。

在他之後的經營者人生當中，本田也以其率直而開朗的性格吸引每個見過他的人。可是，這樣的本田也曾經因爲勞心勞力而陷入顏面神經痲痺的痛苦當中。

不過，本田在克服痛苦的病痛之後，又會帶著樂觀愉快的心情投入工作當中，這是他一貫的態度。

就算是被視爲神人而受到尊崇的經營者，一旦陷入危機當中，當然也會覺得痛苦。**即使要和自己的脆弱奮戰，卻仍然持續追求工作的樂趣**。本田的生存方式至今依然值得我們做爲榜樣。

Chance 23

大學時學習猶太商法，觀察日本的飲食文化改變，四十五歲把人生賭在漢堡上。

日本麥當勞創始人

藤田田

被稱為銀座的猶太人

「請用田的音來發音。」

這個人的名字叫藤田田。他是日本麥當勞（McDonald's）、日本Toys "R" Us的創始人。藤田是一個不符合日本模式，行事作風獨特而異端的經營者。他雖然是個大富豪，又是個社長，卻還去送早報，將賺來的錢捐出去做善事，有其奇特的一面。他的行爲舉止經常偏離財經界的主流，像個特立獨行的凡夫俗子，但事實上，他是個熱愛古典的知識份子。

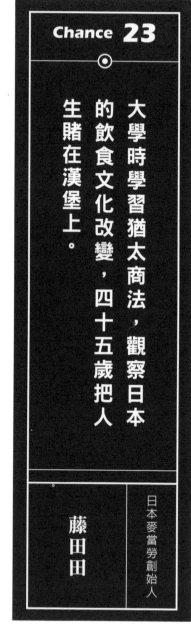

許多創業者都很愛看他所寫的《猶太人的商法》。UNIQLO的柳井正、軟體銀行的孫正義就是箇中代表人物。尤其是孫正義，他在高中時代閱讀該書之後，大受感動，明明只是個學生，卻大膽地與藤田聯絡，兩個人甚至還見了面。說起來，孫正義固然有膽識，而爲了一個素未謀面的九州高中生特地撥出時間來接見的藤田也算是不同凡響。

藤田於一九二六年出生於大阪市。從事電氣相關工作的工程師父親早逝。他從舊制北野國中、舊制松江高中畢業，進入東大法學部就讀。他本來是想當個外交官，和一個熟識的外交官討論這件事，結果對方給了他一個也不知道是眞是假的說詞，讓他斷了這個念頭——「你絕對成不了外交官的。有一條不成文的規定就是外交官不能有大阪腔。」

他在東大的同學當中有一個光俱樂部事件（由東大學生引起的地下金融舉發事件）的主謀者山崎晃嗣。藤田和山崎熟識，也曾經借錢給山崎，但是在山崎因爲事件爆發而自殺之前，他就把資金收回來了。這一段插曲倒是很有藤田的風格。就學期間，他必須自行賺取學費和生活費，所以就在皇居前面的第一生命大樓中的GHQ裡打工，擔任通譯。就在這裡，藤田接觸了駐軍猶太裔的美國人所採用的猶太商法。結果，那成了一個劃時代的商法。

「猶太商人所具有的堅毅特質看在敗戰之後，所有精神上的支柱都被破壞殆盡的我眼中，就好像在暗示著我今後存活下去的方向。」（《猶太人的商法》，以下同）

於是藤田立刻以一萬日圓的薪資受雇於GHQ的猶太裔美國人，幫他處理業務。一方面藤田的長相有幾分像中國人，他穿上駐軍的服裝，成了第二代中國裔「珍先生」，他一邊做生意，一邊實際學習猶太商法。

一九五一年，他從大學畢業之後，就立刻成立進口雜貨店——藤田商店（該店也經營東京塔的蠟像館）。進口雜貨商的主要業務是高級品牌商品和珠寶飾品的批發，但是他同時也涉獵其他各種工作。

他聰明機靈，非常懂得見機行事。舉例來說，在朝鮮動亂的休戰期間，他注意到了被堆在倉庫裡的沙包。他以幾近免費的價格買進，再轉賣給殖民地陷入內亂狀態的某國大使館。此外，他也將日本產品大量地傾銷給美國企業。有一次，藤田接到美國的石油公司所下的一張要三百萬支刀子和叉子的訂單，他委託岐阜縣的業者，要求調用他們的商品，但是，隨著契約上的日期接近，眼看著就要趕不上交貨的期限了。**猶太商法的鐵則就是，只要毀約一次，信用就絕對會破產，怎麼解釋都無濟於事**。該怎麼做才能克服這個難關呢？藤田想到的辦法就是放棄船運，改租飛往美國的班機。如此一來，利潤當然會出現赤字，但是因爲他如期交貨了，也贏得了對方的信任。

以這種方式做事的藤田被國內外的業者稱爲「銀座的猶太人」。他本身也以此稱號爲傲。當他與各國的貿易商進行交易時，這個綽號倒是發揮了很大的功效。

四十五歲出頭天

但是，當然並不是所有的事情都進行得很順利。

「被踐踏、被訕笑、被譏諷的情況是不勝枚舉。但是，我就像以前猶太人忍耐一切的不公平一樣，咬著牙撐過來了。」

有一次，錯明明不在他，他卻和美國的惡質商人起了重大的糾紛，爲了這件事，藤田竟然就直接寫信給當時的美國總統 J.F.Kennedy（甘迺迪）告御狀。因爲這是藤田能否繼續做生意的關鍵。結果，幾天後，駐日美國大使館把他找了去，告知總統下了指示，透過商務長官解決這個問題。拜此之賜，藤田解決了麻煩，逃過一劫。

但是，藤田是在一九七一年才躍上舞台的，就是他四十五歲，設立日本麥當勞的時候。在這之前，他只是一個不怎麼起眼的中小企業者而已。

「根據數字可以看出，美國的消費量在逐年減少。時代不停地在改變，習慣吃米和魚的日本人一定也會接受麵包夾肉的漢堡。我有這種信心。也有人提供很好的建議，認爲只要把味道調整成日本人喜歡的味道就可以了，但是我不予理會。而當我勉強加了工，銷路卻沒有預期中那麼好的時候，又有人指責我，就是因為你亂改味道的緣故才會賣不出去。於是我決定，味道要原封不動地做出來。」

可是，美國麥當勞為什麼願意和藤田合作呢？儘管藤田透過猶太商法，是一個道地美國化的商人，終歸只是一個中小企業主罷了。事實上，當初美國麥當勞也有意和Daiei的創始人中內功合作事業。中內也表示有興趣，為了簽約，還特地飛到麥當勞在美國芝加哥的總公司去。可是，進入實際的交涉階段時，雙方的資本比例就是談不攏。麥當勞方面開出的條件是雙方各出資百分之五十，採用合夥承包的形式，但是中內提出的條件卻是麥當勞出資百分之四十九，Daiei出資百分之五十一。結果，中內就姑且帶著這個結論飛回日本。約過三個月左右的深思熟慮，中內決定接受麥當勞方面的條件，簽下契約。然而，在這段期間，藤田卻捷足先登，和麥當勞完成了簽約的程序。

針對這期間發生的事情，中內這樣陳述：

「我本來可以在芝加哥就簽約了事的，一切都是因為我當下有所遲疑。我認為，對方只能找經銷牛肉的人才能做漢堡，而在日本也只有Daiei能處理牛肉的問題。要做漢堡，就要用到牛肉。那是裡面的肉餡來源。而藤田田先生卻以藤田田先生占二十五，第一麵包占二十五，合計五十的比例簽下了契約」（《中內功》）

也就是說，針對出資的問題，相對於麥當勞的百分之五十，藤田把大型漢堡製作公司——第一麵包拉攏爲自己的陣營，排除牛肉的考量，以麵包的信用度爲武器來進行交涉，將Daiei給淘汰出局了（在藤田的著作當中寫明出資比例是麥當勞和藤田各出資百分之五十）。

經過了這場激烈的商場廝殺，一九七一年七月二十日，藤田在銀座三越的一樓開了日本麥當勞的第一號店。當初的預估營業額是一天十五萬日圓。然而，事實上，連日來都做出了一百萬日圓的額度。而且，美國麥當勞本來有意將一號店開在郊外，而且是以茅崎爲第一首選地區，然而藤田卻拒絕了這個提案，堅持要在銀座開店。

《成者爲王》。藤田日後所出版的書名一如字面上所代表的含意，如實地點出了藤田的商場人生。二〇〇四年，他以七十八歲的年紀過世。據說，當時他成爲政府課稅對象的遺產總金額有四百九十一億日圓之多。

Chance 24

待在老家也翻不了身的老么，即使父親威脅斷絕父子關係，還是要獨立創業。

SECOM創始人

飯田亮

愛玩、愛裝模作樣的男孩

以居家保全服務而廣爲人知的SECOM是警備服務業界的最大龍頭，商務範圍擴及保險、地理情報、醫療等，是優良的企業。在日本，最先成立警備保全事業，率先將由機械操控的警備設施導入業界的也是SECOM。

我曾經見過創始人飯田亮。他是一個豪邁當中隱約可見纖細度的人。雖然注重禮儀，卻是好酒，開朗而活躍的類型，或許是和掀起一股「太陽族熱」的石原愼太郎同一世代的關係，雖然有一把年紀了，打扮卻依然時髦。我還記得他回去時，瀟灑地坐上前來接他的苔綠色的特別訂製賓士車時的那種英姿。

飯田於一九三三年出生於日本橋的酒品批發商——岡永商店，是家中的五子。因爲是江戶的商家，兄弟們大半都從事相關的事業。長子繼承了家業，次子成立了居酒屋連鎖店「天狗」，三子則開立了超市「ＯＫ」，各自在業界中都是大型的企業。在相較優越的環境當中長大的飯田，因爲老家後來在空襲當中被燒毀，便避難到葉山的別墅。他在該地進了舊制湘南中學就讀，和眾議院議員石原愼太郎及文藝評論家江藤淳等人共度青春時代。湘南高中畢業之後，進了學習院大學政經學部經濟學科就讀。雖然進了橄欖球社，卻愛裝模作樣成當時流行一時的「湘南男孩」，經常在葉山的海上玩快艇。他沒有認眞地思考前途，頂多只想到將來可以獨立出來賣冰淇淋。結果，他以「參加就業考試太麻煩」爲由，於一九五六年到家族企業岡永商店就業。

倒帳王

一開始，他負責倉管，做酒品或醬油的進出貨和配送的工作。在其他大學畢業的新進員工都穿著西裝四處跑業務的時候，他卻在襯衫上繫著工作圍裙，每天出賣勞力工作。第二年，他負責食材商品的批發，走上罐頭和奶油的中盤商之路。但是，他幾乎沒有商品方面的知識，所以，二、三個月的業績都持續掛零。

「我覺得業績好像也跟個人的魅力有關，所以陷入自我厭惡的情緒當中。」（〈我的履歷表〉，以下同）

他也爲倒帳之事所苦。兄弟都稱他爲「倒帳王」，他經常做惡夢。

「我曾經在冬天的早上四點左右，還在睡夢當中，就被父親一腳踢飛，命令我：『去把賒帳給我收回來。』我覺得時候不對，但是父親說：『這種時間人應該會在店裡。』當時，主顧快倒店了，案件正在審理當中。賒賣實在是不划算的生意。因爲當初拚了命低聲下氣推銷，重要的貨款卻拿不到。」

年輕的飯田一天當中的工作內容是什麼呢？據飯田的說法，清晨他到位於日本橋的店裡上班，上午到橫濱和立川一帶走一圈，下午從築地市場繞過日本橋的三越，回到公司。連好好吃一頓午餐的時間都沒有，所以，總是騎著摩托車一邊拜訪客戶，一邊吃麵包或香腸。晚餐時，所有的兄弟都要圍著父親，每天晚上要聽他說上兩個小時的教。最常聽到的叮嚀就是：「不要做廉價的生意。」

結果，他幫忙運作家業的時間總共六年，但是最後的一年，他開始想要獨立創業。他是五子，又是老么，再這樣繼續待在老家也翻不了身。他也感受到賒賣的生意有不合理之處。獨立之後該做些什麼好呢？他想過經營保齡球館、類似美國西爾斯控股（Sears, Roebuck）的通信販賣等，一九六一年的某一天，他和朋友及熟人一起去淺草的一家鳥火鍋店，席間朋友突然說「歐洲有做警備業務的公司哦」。一問之下，日本還沒有人從事這項業務。

一思及此，飯田下定決心，向父親提出了獨立的要求。可是，遭到劇烈的反對，因爲父親說：「電話簿上沒有刊載的生意不能做。」飯田仍然不肯罷休，於是父親大怒：「如果你不肯聽話，那就斷絕父子關係。」飯田抱著背水一戰的心情，不顧父親的反對，離開了老家。一九六二年春天，他和朋友一起在東京千代田區成立了籌備辦公室，目的是要構思整個事業體。他們擁有的資金只有飯田在股市投資所得的五萬日圓，和從信用金庫借來的一百五十萬日圓而已。

飯田在獨立之後並沒有具體的目標。有沒有什麼方法可以讓警備保全事業步上軌道呢？因爲「保全事業來自歐洲」，所以飯田很早就寫信給歐洲的保全業者團體：「我們即將在日本成立第一個警備保全事業，成功之時希望能獲得加盟的認可。」這封信促成了日後他和前來日本考察的歐洲警備保全團體的會長見了面。

飯田提到事業的構思，結果對方說：「我一定要出資。」結果，飯田從歐洲的團體會長那邊拿到了大約兩百萬日圓的資金，成立了SECOM的前身——日本警備保全。

然而，因爲這個行業是尚不存在於日本的業種，因此遲遲接不到訂單。第一年，簽下的保全契約只有一件。基於賒帳買賣的不合理性，他採用前金制，但這反而也成了客戶卻步的理由。再加上，東京都當局也質疑保全人員的派遣可能有違職業安定法的法令，導致飯田的業務始終沒有進展。可是，飯田並沒有放棄。

「在業務活動方面，我要求自己不能仰賴家人或親戚朋友們的捧場或義助。所以我持續陷入苦戰當中，但是**我覺得因為選擇了困難的道路走，才使得自己培養出說服對方的能力**。」

東京舉辦奧運會的時候，潮流有了改變。他想辦法穩住了因爲堅持前金制而曾經一度要破局的契約。此外，連續劇《東京警備指令》也適時地推了一把。該片的最高收視率達百分之四十。在製作節目的過程當中，成爲範本接受訪問的SECOM也登上了各種媒體，知名度一口氣大開。

之後，飯田將直接配置警備人員的作業方式，轉換爲透過遠端監控的方式觀察異狀的機械警備模式，使得警備保全脫胎換骨成爲眞正的商務，那就是居家保全。這是一九七〇年左右的事情。目前透過遠端監控的機械警備設施已經是一種常態，然而，在當時，以機械來進行警備工作卻是劃時代性的變革。

在日本，推動一項商務時，大企業的品牌力道往往代表了一切，風險投資企業或中小企業多半都不獲重視。如果是人們不太清楚的商務，那更是如此。爲了讓在日本前所未見的商務擴展開來，飯田花費了許多的時間。也許是父親的那句「不要做廉價的生意」一直深植在他心中的緣故吧？發展迅速繁盛的生意也會迅速衰退，這是一般常情。不能成爲一片歌手，想要成爲一號人物，需要時間的淬鍊。

風險投資的業務必須從完全沒有「人」「物」「錢」的條件下開始。所以，失敗往往比成功先到來。**不斷地面對小小的失敗，然後堅持下去，於是某一天，突然就會大幅地成長，然後就又看到了自己的不足之處，力圖改善。所謂的風險投資就是一直在重複著這種循環。**

以這種方式，花費大量的時間穩定下來的商務是不容易失敗的。就跟長期熟成的酒一樣，除非花費足夠的時間，否則不管是商務還是人都無法變得「美味雋永」。

發生東日本大地震的時候，大部分的人應該都可以深刻地感受到，超商等於是日常生活的基層組織。商品如實地配送，銀行的ATM也確實地運作。這些看似理所當然的事情都是在巨大的勞力為基礎的情況下才能順利運作的。

7－11就是扮演這樣的角色，然而，眾所周知，7－11並不是發源於日本的商務。發祥地是在美國。然而，在鈴木的努力下，日本的超商凌駕了美國。目前，美國的7－11變成了日本的子公司，7－11號稱是擁有全世界最多分店數的超商。可是，鈴木並不是所有人，他始終只是一個上班經營者。說起來，他打一開始就沒有想要做流通業的打算。

三十九歲邂逅超商事業

鈴木於一九三二年出生於長野縣。就讀當地的小縣蚕業高中（現．長野縣立上田東高中），畢業於中央大學經濟學部。畢業後他放棄當報社記者的念頭，進入經銷書籍的東京出版販賣（現．東販）工作。之後，鈴木被分派到該公司所發行的「新刊NEWS」部門去。他以編輯的身分，向著名作家邀稿，在該雜誌中加入讀物的要素，使得發行份數從五千份增加到十三萬份。此外，他也有過在出版科學研究所等工作的經驗，也從事過資料的收集分析等。日後他活用了從中學到的統計學和心理學。

鈴木在東販受到器重，因爲透過工作的關係，和作家及寫作者等與創意工作相關者建立起了互動的關係，鈴木便和同伴擬定了製作與媒體相關的作品計畫。他打算要自立門戶。爲了找到出資者，他找上許多企業提出企劃，當中有Ito-Yoka堂。他向當時的社長，同時也是創始人的伊藤雅俊提出出資的要求，結果得到的答覆是「既然如此，就在我們公司進行吧」。當時的Ito-Yoka堂還是一個無法與大企業東販相比擬的小企業。儘管如此，鈴木不顧同伴的反對，決定進該公司。

當時他三十歲。同伴們在鈴木的召喚下，也都從東販轉換跑道過來了，但是鈴木本身好像對自己匆匆就離職一事感到後悔。關於製作作品一事也變得不是那麼具體，從大企業變成中小企業的上班族，此事使得他對將來產生了暫時性的不安。不過，漸漸地，他在該公司開始展露了頭角。

契機就出現在他三十九歲到美國視察時邂逅的超商事業。一九七三年，他以報紙廣告的方式，召募了十五名素人，一起成立了約克七（現・7—11 JAPAN），他從發展7—11的美國Southland ice公司社那邊取得了獨家銷售權，接受經營手法的指導，隔年在東京都江東區開了一號店。

四十一歲時他眞正成爲創業者，但是此時，所有人伊藤雅俊表明反對他進入超商界。鈴木等於是走自己的路。

本來，Southland ice公司最初有意合作的對象是Daiei的中內功。身爲流通商務的經營者，伊藤、中內等人反對超商是有理由的。

中內從Daiei的駐舊金山辦公室那邊得到情報「美國的7－11本身的經營不是很理想，遂提出下一步想前進日本的意願」。至於利潤方面，經過打聽的結果是每一家分店一天大約是三十至四十萬日圓。這麼算下來，一年的年營業額也只有一億日圓左右。對經營大規模超市的中內還有伊藤而言，超商這種生意並不具有特別的魅力。而且，在流通業界一直有個觀點，只有在美國生意興隆的生意才値得移植到日本來，所以，如果在美國賺不到錢，那麼到了日本鐵定也沒什麼利基可言，有這種想法也是理所當然。這樣的判斷讓中內日後極度地後悔：

「現在回想起來，從某方面來說，是我誤會箇中的意義了。在單品銷售方面，以超商居多。我卻是以銷售的數量來衡量得失。事後我聽說，伊藤忠商事的瀨島龍三先生（引用者注：該公司社長，前大本營參謀、財政界的要人）在公司內聽到此事，好像有意與我談及此事。被我拒絕之後，剛好伊藤雅俊先生來了，我就跟伊藤先生提到了7－11的事。伊藤先生

本身沒有多大的意願，但是，鈴木敏文先生倒是興致勃勃，所以就開始進行了現在的7—11的事業。」（《中內功》）

結果，中內晚了鈴木一步，成立了羅森（LAWSON）。但是，這也成了勝負的關鍵。因爲7—11建立了日本大部分的超商know-how，因此，其他的公司也只有遵循這個know-how去運作。競爭的各家公司都只能從模仿7—11開始創業，結果始終沒能超越7—11。

鈴木像在社內進行風險投資一樣，成立了7—11，之後構築起了各種know-how。最新的know-how便是我在開頭所介紹的，使用POS系統的單品管理。鈴木是從前一個任職的出版流通業當中獲得這個know-how的發想。因爲，書籍本來就是以單品來進行管理的。鈴木**透過異業種當中得到的新觀點帶進流通業界的作法，為業界帶來了革新。**

Chance 26

三十五至四十一歲都很想辭職的經營者，但每次都還是把困難當成一種新的挑戰。

SONY前會長

出井伸之

受邀造訪比爾．蓋茲住宅的日本人

說到前SONY的CEO出井伸之，他是九〇年代後半之後，SONY最受到世界各國的經營者重視時的明星經營者。有著粗啞的聲音、苦澀的臉孔、穿著華麗的西裝、乘著保時捷、喝著美酒的出井看起來就是年輕上班族所嚮往的象徵性存在。出井具備某種靈氣，成爲一個在全球管理者聚集的世界經濟論壇當中，與有名的經營者們交手也面不改色的社長。當時大家都說「出井是唯一被邀請到比爾．蓋茲的自宅去的日本人」。他本人似乎也有身爲超級明星的自覺，隨時注意時尚潮流，非常在意別人眼中的自己是什麼形象。

在商場上，他配合網路時代的到來，創造出數位夢想工具套件「Digital Dream Kids」的宣傳標語，以確立SONY品牌，應付ＩＴ環境的急速變化。他的行事威力和氛圍都高人一等。他似乎刻意在模仿以前SONY的超級經營者，具有廣大的國際人脈的盛田昭夫一樣，扮演著SONY高不可攀的高層角色。

出井是井深大、盛田昭夫等SONY的創業者世代之一，是以實力見長的社長大賀典雄的繼任社長，後來成爲一位同樣具有實力的社長。出井之後的ＣＥＯ霍華德・斯金格（Howard Stringer）、平井一夫都不像出井那樣具有神授性。

然而，出井也不是打一開始就具備這種高不可攀的氣勢。在決定社長的人事案之際，SONY的技術和財務部門當中有兩個實力派的幹部呼聲很高。候選人的名字當中完全看不到出井的名字。因爲當時出井才剛剛成爲宣傳部的員工，大家趕不知道他有什麼樣的實力。那麼，連社長候選人都談不上的人物爲什麼能夠成爲社長呢？

幾度想離開SONY

出井在一九三七年出生於東京。父親是早稻田大學的教授，他算是在條件優渥的家庭當中成長。從早稻田大學政治經濟學部畢業之後，進入SONY工作。就業時，他對伊藤忠商事和味之素都有興趣，但是因爲本身就是個音響狂熱者，加上他和SONY會長井深大的女兒是小學同學，基於這個機緣，他在大學四年級的暑假就到SONY去實習，他也因此被公司錄用了。

可是，雖然進了公司，他卻有這種強烈的印象：「我眞是進了一家讓人驚訝的公司啊。不但餐廳骯髒，薪水也低……」（《出井伸之挑戰多樣性》，以下同）。他被分派到海外營業部，一年之後，到瑞士的日內瓦大學附設國際問題研究所去留學。他本來打算拿到博士學位，但是二至三年之後，他知道事不可爲，便中途休學，回到SONY。之後，他再度專心投入瑞士、法國的海外業務中。然而，這期間，出井有好幾次都想離開SONY。

「第一次是從法國回來之後。透過和蘇伊士（SUEZ）銀行合夥承包的工作，我了解到今後會成長的業種是金融業，所以便想進入法國的銀行，甚至還想去參加考試，但是被盛田先生說服，後來放棄了。」

這是他三十五歲左右的事情。說到三十歲，就是這樣讓人苦惱的時期。

接下來是四十一歲的時候。

「第二次是在日本工作了一陣子之後，我環視四周，發現身邊有許多優秀的人。我感覺到，如果跟這些人繼續一起工作的話，自己根本就沒有機會，所以想要辭職。」

這個時候，事實上是有歐洲系的公司想延攬他進公司。可是，此時出井採取了斷然的行動。他直接告訴上司：「如果讓我擔任音響事業部長的話，我就不辭職。」音響事業部在當時是熱門部署，根本就不可能讓非工程師，文科出身的人擔任高層。可是，他的直接訴求獲得認同了。其實當時音響部門已經不復當年那般有氣勢，趨勢漸漸轉移到電視或錄影機等影像機器上。出井的想法讓人覺得有趣的地方是他認爲：「就像如果大家是美國，而我就是歐洲一樣，如果我現在要求到音響部門，也許就可以得到這個工作。」

他反眾人矚目的焦點而行，這是與其他的成功者共通的想法。因爲出井也有這樣的思考模式，所以在公司內部可以突顯出其相對的存在感。也正因爲如此，他說：

「製作熱門商品，賺取大量的利潤，感到無比喜悅——這種事我不擅長，也鮮少有這種經驗。但是，**在每個階段都有機會讓我嘗試做困難的事情，當成是一種新的挑戰，就結果來說，也許是一件快樂的事情**。以現在的用語來說的話，就等於是公司內部版的『重整機構』的工作。（略）這世間，事情往往都不是直線式進行的，總會在某個地方飛躍而過。每一次的變化都伴隨有各種的成長和辛苦。」

從某方面來說，出井不能算是走在公司的主流路上。他坐上社長的位子時，也有很多人充滿了質疑「爲什麼是那傢伙」？或許就是因爲這樣，公司才會有突破。

Chance 27

不斷轉換部門的冷板凳人生，藉由觀察公司的問題點，四十歲後將家族事業進行構造改革。

武田藥品工業前會長

武田國男

名門創業者的餘惠

大阪的道修町從江戶時代起就是藥材商聚集之地，是繁榮的藥町。之後，也誕生了目前依然活躍於市場上的製藥公司。武田藥品工業、鹽野義製藥、田邊製藥（現・田邊三菱製藥）是道修町的三家領頭企業，非常有名。其中武田藥品具有兩百年以上的歷史，是日本國內首屈一指的製藥工廠。

在具有久遠歷史的企業當中，有不少創業者至今依然參與經營的業務。尤其是關西的大企業，包括三得利、竹中工務店、洋馬（YANMAR）、美津濃（MIZUNO）、大林組、日清食品等具知名度的公司，其創始人的影響力至今依然不容小覷。

然而，創業家可以理所當然地成爲社長的時代已經結束。所謂的家族企業固然有其優點，但是，受到的批評當然也不曾間斷。出身大企業創始人家門的子弟不管願不願意，其去留總是會受到大家的關注。

擔任武田藥品的社長、會長的武田國男人如其名，出身於創始人之家，也是讓武田藥品成長爲國際性優良企業的大功臣。正因爲有這樣的成就，所以一般人可能會認爲他從小就被當成繼承人培育，學習帝王學，忠實地走在被鋪設好的軌道上。然而，武田是創始人的三子，周遭的人對他的期待並不大，進公司之後也幾乎都坐冷板凳。而這個情況卻有了重大的轉變，後來他成了社長，這是他自己和外人都認同的「餘惠」。

漫長的冷板凳人生

武田於一九四〇年出生於神戶御影的英國都鐸式建築的大毫宅當中。父親是武田長兵衛，是武田藥品第六代的社長與會長。住宅四周有日本生命、大林組、朝日新聞等創業者的寬大豪宅，但是因爲白天也鮮少有人進出，各豪宅又都以石牆圍繞，所以從來就沒有附近住有「鄰居」的感覺。

從小學到大學，他都在關西財界的子女首選的甲南學園就讀。他一點都不認眞念書，即使成績很悲慘，父母也鮮少提點他。這也無可厚非，因爲被當成商家的繼承人而小心翼翼栽培的是長子，而武田是老么三子。「反正沒有人對我有任何期待，我也就不需要改頭換面努力學習了。」（〈我的履歷表〉以下同）

所以「長兄進慶應義塾大學，二哥讀大阪大學，我則選擇了和他們都不一樣的道路。我從來就沒有參加過入學考試。」武田進了甲南大學經濟學部，但是因爲高中時都沒有認眞念書，所以聽不懂大學的課程。他有的是時間，然而，「能陪我一起玩的朋友很少。我連一個好朋友都沒有。（略）我會怕生，而且又任性。跟人互動要聽對方說話，有時候還要控制自己的情緒。我做不來這種事。有時候一個人反而比較輕鬆自在。」

所以，他沒有到大學念書，多半都在柏青哥店或爵士餐廳打發時間。「我在連經濟學的經字和校園的校字該怎麼寫都不知道的情況下，大學生活就要結束了」。他想畢業，學分又不夠，只好去向老師哭求。

看到這裡，不禁感歎，沒有多少人可以如此冷靜地訴說自己的缺點。武田這樣的人生在他成爲社會人士之後，也還有好長一段時間持續過著享受前人餘惠的生活。

大學畢業之後，他靠著關係進入家族企業——武田藥品工作，但是，當時身為社長的父親對他沒什麼期待，「早上會有車子前來迎接身為社長的父親，年紀還輕的長兄也一起搭車前往公司，但是我在這之前就必須自己走到阪急御影站，擠上爆滿的電車通勤。」他對工作也不熱中，夜裡卻努力地練習打高爾夫球，要不就是徹夜打麻將。

後來，他到法國留學，回來之後被派到醫藥營業部，一年之後也被解雇了。接著他到事業部工作，被分派到一張靠近窗邊的桌子，沒有工作可做，不知道怎麼打發時間。他自行企劃成立的泡泡紗事業也以失敗告終，之後又不斷地在各個不同的部門之間游移。

一九八〇年，他四十歲時，長兄猝死，接著，父親也過世了。二哥是大學教授，所以，能扛起公司的繼承人重擔的就只剩武田了。當時武田隸屬的企劃本部在公司內部被視為「隱居場」。失去了兩個可以仰賴的至親，當時武田的心境是：「難道我要在這種地方待到老死嗎？眞是這樣，倒也罷了。」

然而，之後，武田被身為監護人的親戚小西新兵衛會長拉了一把。武田突然成為美國子公司的副社長，創下了不小的業績，也因此之故，他在一九九三年坐上了社長的位子。

他的內心難免有一種「眞辛苦啊」的感覺，但是**拜之前長期坐冷板凳時，客觀地觀察過公司內部的大小狀況之賜，他非常清楚公司的問題點在哪裡**。不工作的員工太多，努力付出的員工得不到回報。他想改變這種老舊公司的體質，快速地提出公司內部的改革方案，在人事和組織上大刀闊斧地進行整頓。

然而，他的激進改革手法卻在公司內部造成了傾軋的狀態。他導入的提早退休制度也遭到反彈——「公司的業績並不差，現在爲何要這樣胡作非爲？」員工對武田的感覺當然好不到哪裡去。人們批評他「那傢伙是個白痴」「像你這種富家子懂什麼」。在這段時期，公司內外也都流傳著他只是一個不懂業界的行規，一事無成的富家子弟的流言蜚語。

武田不可能不知道外界的這些惡評。他連日未能成眠。他思前想後到無路可退的地步，最後終於罹癌倒了下來。距離他走馬上任才第三年。

專心治療幾個月之後，有感於自己「死過一次了」，武田遂下定了決心，繼續進行構造改革。「**一旦發生問題，就正面應對，只要去除煩惱就可以脫離危機**。以我的狀況來說，因爲我長期坐冷板凳，對改變既定路線不會有抗拒感。在這一方面，原本屬於主流而位居高位的人們就必須否定自我，是很辛苦的事情。」

經過武田的構造改革之後，他把本來只是日本國內企業的武田藥品，改頭換面成一個營業額高達一兆日圓的國際性優良企業。武田回憶道：「武田這個字號以及精英員工所欠缺的突破現狀的發想幫了大忙。」

以武田的例子來說，創業者家庭出身當然是他被選爲社長的一大理由，但是，不見得所有的創業者都能成就社長的大業吧？儘管多少有些孤僻，但是，以他的情況來說，客觀地自我分析和從非主流的周邊觀點來鉅細靡遺地觀察是成功的要因。最值得注意的是他承認自己缺點的率直性格。**對本身的缺點有自覺，坦率地面對問題**。這些話聽起來似是理所當然，但是這也可能是最困難的地方。

成功的經營者，乍看之下似乎都有點難以取悅的樣子，事實上有很多都是很率直的人。舉例來說，在我進行採訪之際，就算我提出了比較失禮的問題時，他們也總是以無比的率直態度，而且認眞地回答我。完全不會說謊，或者企圖放大自己，有一種看透世事般的泰然。

這種人還有一個特徵，越是這樣的人，就越能客觀地剖析自己。是經歷了一場又一場戰役的自信使然嗎？對他們而言，不管是成功或失敗，都已經變成了一個「故事」。他們的談話內容本身非常地有意思，讓人不由自主地會投入當中。

不粉飾自己的經驗，率直而誠實地陳述，深深地吸引著聽衆。只有這樣的生命故事才能讓人感受到其器量之大。

Chance 28

四十二歲被降調到華盛頓，因為壓力長出一頭白髮，在一般人應該退休時當上社長。

渡邊恒雄

讀賣新聞集團總部會長

媒體大亨的失敗和挫折是什麼？

渡邊恒雄通稱「邊恒」，讀賣新聞集團總部會長，是對媒體界或政府都具有重大影響力的大人物。一向都很目中無人，在運動報上經常被當成壞人來報導。現在已經超過八十五歲，卻依然在餐廳大吃大喝，精神奕奕，引發騷動對他來說猶如三餐便飯。至今依然熱愛哲學古典書籍，但是時而會將報紙私有化，曾經被批評是老賊。然而，他的氣勢卻一直絲毫沒有消減的樣子。

他雖然是一個看似旁若無人，讓人討厭的人，但是另一方面，世人對渡邊的言行、舉動也似乎有些期待。雖然不喜歡，卻又莫名地在意。也許可以用「不受寵的孩子出社會之後往往比較有成就」來形容吧？他就是一個讓人不好扣上罪名的人物。身爲政治部出身的機靈記者，關於他的軼聞可多了。

我曾經近距離看過本尊。總之，他的身體的各個部位都算是大一號。他有矮胖的體形，一言以蔽之就是肥胖，頭很大一顆，耳朵也像神佛一樣往下拉長，連樣子都像個大人物。就因爲這樣，總會讓人以爲他從來沒有經歷過失敗或挫折，事實上不然。他曾經被降職，過著隱忍自重的日子。他的人生是一段不盡如人意，非常有意思的經歷。

被政治部門剔除，咬牙忍耐的四十歲

渡邊一九二六年出生。父親是銀行員，但是四十七歲時早逝，之後，由母親一手將這個渡邊家的長子扶養長大。開成國中畢業之後進舊制東京高中就讀，後來進東大文學部哲學科念書。他加入了共產黨，但是後來又被除名。還在學期間，就以學生的身分進入一家叫思索社的出版社工作，負責雜誌《哲學》、《思索》的編輯工作。同時他進研究所繼續進修，成爲東大新聞研究所的研究生。渡邊本來立志成爲研究人員，但是自覺無法勝過同期優秀的同學，遂變更計畫，轉換跑道往媒體界，在朋友的推薦下，參加中央公論社的考試。當時有六百人參加考試，只取一名。結果他沒有獲得任用。

不久，《思索》停刊，同時渡邊也決定從研究所輟學，他去參加讀賣新聞和東京新聞的考試，打算成爲一名報社記者。這一次，他通過了兩家報社的考試。順便要提一下，當時的讀賣新聞的規模不像現在這麼大，倒是朝日和每日有很大的發展空間。和渡邊一起通過考試的朋友選擇到東京新聞，爲了避免和朋友成爲競爭對手，渡邊便進了讀賣新聞。

一開始，他被分派到週報《讀賣Weekly》去。那是一份十二頁左右的小報，編輯部裡多是總社那邊挑剩的人，能夠完整地寫報導的人不多。有編輯經驗的渡邊雖然是新人，卻因此可以處理重大的報導主題。寫過幾篇報導的渡邊在一年半之後，隨著Weekly的停刊，被分配到政治部去。

在政治部裡，他成爲大咖政治家大野伴睦的輪班記者，這使得渡邊擴展了他在政界的人脈。他就是在這裡認識了前首相中曾根康弘的。他籌組了類似中曾根的後援團的讀書會，另一方面，在三十二歲時出版了《派閥——保守黨的解剖》這本著作。

看到這裡，讓人特別感到興趣的一點是，渡邊總是避免和預期會比自己有表現的人物做正面的競爭，避開主流派，選擇非主流派。中曾根當時雖然被看好，但是也一樣不是主流派。而且，在讀賣新聞的內部，社會部是最有勢力的部門。身為政治部的優秀記者而備受矚目的渡邊被「社會部帝國」視為眼中釘。四十二歲時，他成為政治部的次長，他把後進叫到自己家裡，開始舉辦讀書會，結果被解讀成他在政治部內部製造派閥，渡邊於是成了社會部、政治部雙方的敵人。

當時，渡邊受到公司內部非常有實力的副社長務台光雄的關照，為了總部的建設，他也在政界多所著墨，目的是國有地的拍賣。但是，社會部和政治部內的反渡邊派對在社內的存在感越來越顯著的渡邊所採取的行為多有批判。為了避免內部的紛爭，高層將渡邊踢到華盛頓分社去。說穿了，就是貶職。

然而，華盛頓分社也是熱門部署之一。這一次輪到外報部產生「地位被搶走了」的反彈聲浪。渡邊遭到抵制，他寫出來的報導相繼不被採用。這段期間，渡邊經常夜不成眠，每天都要靠吃安眠藥才能入睡（《渡邊恒雄媒體和權力》）。

渡邊自己也這樣回想：「在華盛頓的生活，不管是在精神上或肉體上，甚至是經濟上都不好過。熬過了當初說好的兩年之後，仍然沒有接到公司那邊要我回國的人事命令，就職期間不斷地往後延。（略）我那些在政治部的後進一個接一個都在異動中不見了，『渡邊派』逐漸解體當中。」（〈我的履歷表〉以下同）

好不容易在三年三個月之後，回國的命令下來了。職位是名為編輯部參贊的涼缺，說穿了就是冷板凳。這是他四十五歲時的事情。因為壓力使然，他的頭髮幾乎全白了。在報社內，他的工作就是「什麼都不做」。之後，他成了解說部長，但是，從某方面來說，這也是一個沒有什麼發展的職位。他繼續過著隱忍自重的日子。在這段期間，他仍然按照務台的指示，發展政界的工作，引發社內的反彈。渡邊對這種狀況感到厭煩，終於提出了辭呈。他想暫時獨立出去，當一個政治評論家，然而，此時他終於得到上司務台的幫助。務台將排斥渡邊的上司職位加以異動，渡邊於是以政治部長的身分回到舞台上。

之後他又獲得提拔，成為董事，這是他五十三歲時的事情。他在六十四歲時成為社長。如果是一般的平凡上班族，會覺得這個年齡應該是走到公司人生的終點了，但是對渡邊來說，卻是他之後二十年歌頌人生之春的開端之年。

渡邊經歷過的，在成功路上堪稱權力、派閥鬥爭的事情在大企業的社長寶座之爭當中是經常會發生的。渡邊在學生時代曾經參加過共產黨，因為這個經驗，他習慣了組織內部的鬥爭，也擅長分辨敵我雙方。他會徹底地重視同伴，斷然地與敵人切割。這樣的處世之術就像看時代戲劇一樣有趣，但是鮮少有人會不加掩飾地提起這種事情。就這一層意義來看，如果要說我們能從他的人生當中學到什麼，那或許就是他的正直，還有忠實地為自己的自尊和野心而活的耿直個性。

第5章

失敗才是成功的跳板

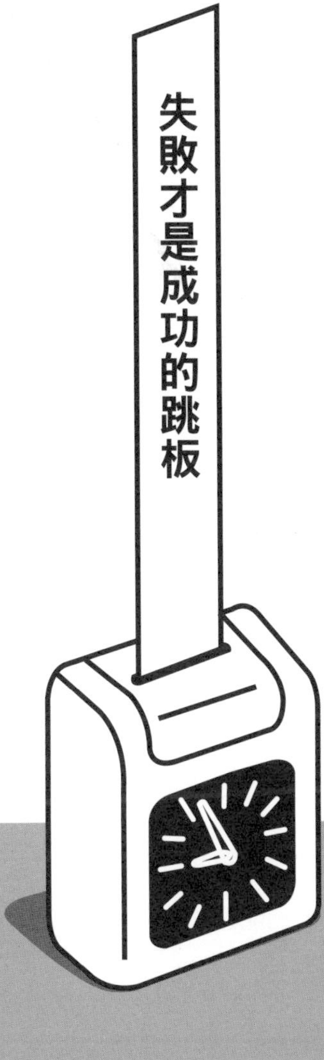

宛如時代預言家的二大巨頭

軟體銀行和UNIQLO在從九〇年代後半期持續成長的新興企業當中，也是數一數二的存在。要說兩者仍然是目前最受矚目的企業也不爲過。

創始人孫正義和柳井正隨著公司的成長，在社會上的存在感也隨之增加。現在，他們不只是單純的經營者，更像是憂心日本社會，甚至會提供建言的預言者。從一般世俗的觀點來看，這兩個人當然都是相當成功的人。在美國《富比士》雜誌的世界億萬富翁的排行榜也榜上有名。孫正義在麻布永坂町，柳井正在澀谷區大山町各自擁有大豪宅，都是東京都內屈指可數的高級住宅區。九州和山口出身的兩個人私交很好，柳井還擔任軟體銀行的公司外部董事。

我從這兩家公司還沒有什麼知名度的時候就有特別的感覺，一直在觀察他們的動靜。而最近，我才眞實地感受到，原來企業就是這樣演進的。我是在軟體銀行試著收購朝日電視時，明確地感受到它是一家和其他公司不一樣的企業。而察覺UNIQLO和其他的成衣商家有一線之隔，則是在他們將公司名稱改成迅銷（FAST RETAILING，直譯就是迅速銷售）這個像是在倡言流通業方法論的名稱時。

孫正義和柳井正給人的印象都與之前舊世代的創業者有些許的不同。

孫正義嘗試進入與自己的身分不相符，像是電視、銀行、通信等由大企業經營，門檻很高（需要許可證，參與的障礙很高）的業界。說穿了，他就是一個**刻意挑釁日本已經存在的既有體制的人物**。而且他經常說大話，也不知道是眞心的還是玩笑話，總是把日本第一、世界第一等的話語掛在嘴邊。而且，他總是欠缺節操地不斷地改變自家公司的本業。

說到風險投資，基本上都是鎖定小市場的業種，然而，他卻總是正面迎戰主要市場的需求，這一點也是他的獨特之處。

至於柳井正，他可以說是最不像經營者，結果卻最遵循經營的原則，成為最強而有力的經營者的模式，詳情容後再述。或許是必須在零售業這種競爭激烈的業界當中存活下來的強烈危機感使然。如果是一般的成衣企業的創業者，可能會把在日本國內的成功視爲主要目標，然而，柳井正卻打一開始就鎖定海外市場。他的競爭對手不是在日本國內，而是GAP、ZARA之類的多國籍企業。一開始，他的眼界就跟一般人不一樣。從這方面來說，這兩個人都是擁有獨特風格的創業者。

我們將在最後的這個章節看到在現代化的日本當中，散發出強烈存在感的這兩個人所經歷的「失敗」經驗。他們堪稱是時代的超級巨星，而他們的成功事實上是建立在強烈的挫折之上的。了解引領時代潮流的他們所經歷的「失敗」經驗，不就等於是掌握在現代生存的指南針嗎？

共同點是二十幾歲時心中懷抱的強烈抑鬱感

這兩個人當然都經歷過許多次的失敗，每當失敗時總難免遭受媒體的追剿、投資家們的批判等。每次遇到這種情形，他們都不放棄，爬上下一個舞台，創造出新的局面。

有趣的一件事情是，這兩個人在二十幾歲時都曾經出現強烈的抑鬱感。年輕的時候，每個人都會覺得自己的存在或生存方式似乎受制於與生俱來的環境。就算再怎麼想破繭而出，卻始終無法脫離，因而感到絕望、失去幹勁。**孫正義和柳井正為了突破這樣的環境制約，他們全力投入的對象就是商務**。他們的動機當中沒有像戰前戰後的那種「想揚眉吐氣，成爲超級有錢人」的思維。當時的時代背景是社會環境日漸豐裕，只要想望，就可以過著符合自己理想的生活，而推動他們的力量是商務本身的趣味性，是自己據以存在的證明。證據就在於，他們確實是擁有豪宅的大富豪，但是卻不會在銀座的聲色場所花天酒地，也不會靠著成爲演藝人員的贊助者來顯耀自己。孫正義對美食沒什麼興趣，柳井正也會在晚餐的時間回家，努力地看書。看不出他們對金錢有特別的喜好。

有趣的是他們對商務的熱情。他們本身是企業所有人，所以用自己的頭腦思考出來的任何創意都可以具體成形。只要企劃順利，就沒有任何經營行爲可以如此地有趣充實了。**人們按照自己的命令行事，事情按照自己的想法發展，達成目標時那種無與倫比的快感應該只有體驗過的人可以理解**（筆者當然也無法理解）。就像藝人在退休之後無法忘懷籠罩在聚光燈下的快感一樣，曾經成功的經營者也無法忘記成功的甜美滋味。

正因爲如此，所以失敗能挑起他們的鬥爭心。越是失敗，成功時的快感就越強烈。我認爲，**失敗和挫折正是將他們導向成功的能量來源**。

那麼，現在就讓我們見識一下這兩個人的「失敗」和「挫折」吧。

Chance 29

熬過生病住院三年半的時間，即使只剩下五年壽命，還是決定完成人生目標。

孫正義

軟體銀行集團創始人

十九歲立下人生目標

軟體銀行社長孫正義在二〇一〇年迎接第三十屆的股東大會這個里程碑的到來。他在會上發布的發展願景竟然是「成爲一個持續成長三百年的企業」。光是展望未來的一百年就已經不容易了，三百年這樣的格局不是太長遠了嗎？然而，這番話卻代表了他個人風格的世界觀，很不可思議地就是清晰無比地留在人們的心中。因爲他把三十年前創立，做軟體批發生意的小公司變成一個現在連線營業額多達兩兆七千六百三十四億日圓，營業利潤足足有四千六百五十八億日圓之多的大企業集團。

「二十歲揚名立萬，三十萬存下資金一千億日圓，四十歲賭上一把，五十歲完成事業，六十歲把事業交給繼任者。」孫正義在十九歲的時候就決定了這個人生的目標。他有這種自主開啓人生道路的堅強意志。

這其中是有理由的。旅日的韓國人這樣的出身，對他的人生而言是一項沉重的負擔。小時候，祖母爲了拿到餵豬的飼料，經常從左鄰右舍那邊收集殘羹剩飯回來。孫正義總是坐在運貨的小貨車邊緣，而那種黏糊糊的感覺讓他覺得很不舒服……後來他才提到這件事，而他是在國中三年級的冬天，向四周人坦誠自己是韓國籍的事實。

《龍馬傳》救了他一命

一九五七年，孫出生於佐賀縣鳥栖市。父親是從事柏青哥店等多重領域事業的實業家。他進入當地的升學學校——久留米大學附設高中就讀。當初他描繪的夢想是成爲教師或官僚，但是一知道既然身爲韓國籍，這些夢想等於破滅之後，他就決定從高中輟學。他參加大學入學資格檢定考試，而且也通過了。之後，爲了脫離有某些既定觀念的日本社會，他進入美國Holy Names Colleg就讀。

他在那邊讀了兩年，然後插班進了加州大學柏克萊校區的經濟學部。

「我也曾經想過，久留米大附設高中畢業之後，進東大就讀，然後開始創立自己的事業。因爲國籍的問題，有些大企業是不願雇用的。於是我想，既然如此，那就到比日本自由得多的美國去找一個做生意的機會還比較快。」（《傻瓜》，以下同）

當時，他受到司馬遼太郎的《龍馬傳》很大的影響。他把自己和脫離藩屬，以世界爲目標的龍馬的身影重疊在一起。

就讀大學期間，他和朋友共同開發了自動翻譯機，把商品賣進日本，成功地和夏普建立起了商務關係。一九七九年，成立軟體的批發公司Unison World。回國之後，花了一年多的時間從事新事業的調查研究，之後，於一九八一年成立現在的軟體銀行的前身——日本軟體銀行。這是他二十四歲時的事情。因爲沒有在外面的公司上過班，所以他不是很清楚組織的要素。因爲年輕，所以孫正義靠著自行創業來累積這方面的經驗。

可是，在創業之後，他遭遇到一個大障礙。因爲慢性肝炎的關係，他被迫住在醫院三年半左右。

「所以，當初住院時，我整個人痛哭到不成人形。公司才剛開始運作，孩子也才剛出生，我卻得長期住院。我有著滿腔的熱情能量，也有一個信念，只要照這個樣子持續發展事業，總有一天，我就可以獲得相當大的成功。然而，醫生卻繞著圈子告訴我，我只有五年左右的生命。這個消息讓我感到極度的沮喪。」

當時救了他一命的便是《龍馬傳》

「當時正處於情緒最低落的時候，我就把去美國之前看過的《龍馬傳》再拿來看一遍。這時候，我突然發現到，龍馬也在三十三歲時就死了，但是在最後的五年，他卻完成了他的人生中最大的工作。

「所以，我重新思索著，只剩五年的壽命確實是短了些，可是，也許我可以在那五年之內完成值得去實現的事情，而且，在這五年當中，也許可以找到治療肝炎的方法。之後，我的整個心態不變，想要積極地活下去。」

出乎我們的意料之外，**或許當人跌落情緒的谷底時才能真正轉換自己的心情。**

屢遭失敗的軟體銀行

或許是因爲孫正義曾經經歷過跌到谷底的經驗，所以才能忠實地守住十九歲時決定的人生目標。他在三十一歲回到社長職位，三十九歲公開交易軟體銀行的股票。一般人多半都認爲人生之路要按照既定的目標來走是一件很困難的事情，然而在迎接五十歲之後的今天，孫正義仍然將自己的目標一個一個加以實現了。

但不是所有的過程都是那麼順利。股票上市之後，持續進行的企業收購或開創的新事業也經常會產生問題，或者遇到挫折。因爲競爭的對手都是既成體制的大企業。

一九九六年，他嘗試和媒體大亨新聞集團（News Corporation）的魯柏・梅鐸聯手收購朝日，但是功敗垂成。一九九九年，他創立了新的證券市場NASDAQ・Japan，但是三年之後就停止業務了，二〇〇〇年，他投資了日本債券信用銀行（現・青空銀行），一樣在三年之後脫手了。

在這段期間，軟體銀行面臨的一個問題是：「每次不斷地收購企業時所衍生出來的貸款該如何償還？」投資家們一直都很注意孫正義是如何周轉資金的。然而，每次市場上出現他面臨資金上的危機傳聞時，他就會活用國內外的資本市場，以全新的手法發行公司債券，透過資金的調度，克服難關。

孫正義對戰的對手都是一些大咖企業，經常讓我感到驚愕不已。二〇〇四年，他以三千四百億日圓收購了日本Telecom，更於二〇〇六年，以一兆七千五百億日圓買下了沃達豐（Vodafone）日本法人，又以大約一兆五千億日圓的價格，收購了美國排名第三的行動電話公司斯普林特（Sprint）（二〇一三年五月）。在現今的日本，能夠如此大規模地收購大型公司的企業也唯有軟體銀行。

孫正義勇敢地向既有體制的領域下戰帖。一旦跨越了和他們之間的界線，勢必會遭到反擊。然而，即便遭到警告，他也不畏縮。甚至反而興致勃勃地主動去衝撞眼前的大障礙，不斷地奮力往前進。他就是以這樣的氣魄，將軟體銀行帶向成功之路的。

「對軟體銀行而言，接下來的三十年是一個重要的里程碑。我們要透過情報革命，創造一個使人人都得到幸福的公司。」

回頭看軟體銀行的歷史，我發現，他們的事業重心無時無刻不在改變。也就是說，它的歷史也形同是一個失敗的歷史。軟體、出版、網路、風險投資、寬頻、行動電話……孫掌握了IT改革的先機，讓自己的公司有著讓人驚豔的變化，也讓自己不斷地進化。

從另一方面來說，他長期持續的事業就不是那麼多。因為他就是靠著投注心力在當時最有希望的商務上來擴大事業的。目前，他以iPhone為主軸來擴展業績，但是，今後也不是沒有改變主力事業的可能性。他一以貫之的中心主軸就是「透過情報革命，使人人獲得幸福」。還有，**最重要的是「活下去」**。

為了成為情報革命過程中的主要角色，繼續存活下去，孫正義不斷地加快事業的速度。他搶在既存勢力之前，著手收購國外的企業，開啟一個新的時代。現在的他所生存的業界彷佛就是幕府末期的維新時期相貌。

「越是迷惘，越要看得遠。想要看清未來，就要回顧過去。」

因爲慢性肝炎而不得不長期住院的那段時期，孫正義閱讀了許多歷史書籍。包括羅馬帝國的凱撒、中國的秦始皇、拿破崙皇帝等，而他現在似乎也把這些歷史上的人物謹記在心。以他在股東大會上提到的三百年這個時間來看，他也許看到了這些前人帶來的影響吧？

「我想減輕大家的悲傷。人世間最大的悲哀就是孤獨。**所謂的幸福就是活著的每一天都能實現自我，為愛所包圍**。我想透過《情報革命》，使人們獲得幸福。」

這是孫正義從事商務的動機，而以下是他的目標：

「三十年後時價總金額二百兆日圓。成爲世界前十大企業。持續自我進化和自我增值，透過情報革命，使人們獲得幸福。」

孫正義經常將危機轉化爲良機，將失敗當成跳板，存活下來。他的生存方法給了因爲一兩次的失敗就不知所措的人一個很大的啓示——**目前讓我們受盡煎熬的失敗，事實上只是一個微不足道的失敗，只要以更寬廣的視野觀察事物，不管四周人再怎麼反對，總有實現的一天**。只要立定志向，任何事情都有更大的可能性。

Chance 30

了無幹勁的青年被委以重任後，創立優衣庫歷經一連串失敗，將失敗轉為成功跳板。

UNIQLO創辦人

柳井正

不想工作也不想念書

「我們總是得隨時思考某些事情吧？因爲這個世界上沒有成功一次就結束的事情。」

（《個人的UNIQLO主義》）

UNIQLO的創辦人柳井正就是一個隨時在思考、隨時在行動的人。

柳井正一九四九年出生於山口縣。父親是經營紳士服店和建設公司的實業家。他從當地的升學學校——縣立宇部高中畢業之後，進早稻田大學政治經濟學部就讀，但是，他並沒有特別努力用功，從某方面來說，他似乎多半都過得不怎麼帶勁。

「總之，當時我什麼都不想做。既不想工作，也不想念書。感覺上就是吊兒郎當地過日子。」（同前）

他於一九七一年自大學畢業，之後過了一段無所事事的日子。父母親看不下去，勸了他幾句，於是他靠著關係，在五月之後進了JUSCO（現・AEON）工作。一開始，他被分派到三重縣四日市店裡的家庭廚房菜刀賣場，負責的工作是補貨。主要是往返於倉庫和賣場之間，之後又被派到紳士服賣場去，但是他從工作中感覺不到樂趣，隔年的二月就辭職了。

從旁人的眼光來看，柳井正在這之前的人生好像就是一個鄉下出身、內向而沒有幹勁的青年逃避任何挑戰，無所事事地浪費時間而已。他在組織當中工作的上班族經驗只有短短的十個月就結束了。離開公司之後，他試著到美國留學，但事實上也只是在東京晃蕩了半年，最後還是回到老家去了。結果，他到父親經營的紳士服店去上班。

被委以重任後，脫胎換骨

和流通大型企業JUSCO相較之下，父親店裡的一切工作都顯得那麼地沒有效率，他看不下去，提出了許多建議，於是本來的六名員工在二年之後只剩一個人。父親並沒有因此把兒子趕出店裡，反而把所有的工作都交給兒子去負責。父親甚至把印章交給兒子，任命他爲實質上的負責人。

「已經沒有退路了。既然被委以重任，就絕對不能失敗，我必須努力才行。」（《一勝九敗》，以下同）二十五歲時，他第一次感覺到，經營事業必須要有所覺悟。或許我們可以說，柳井正在這個時候整個脫胎換骨了？

可是，他的工作很辛苦。員工只有一個人。所以，柳井正學會自己思考，自己行動。本來他對生意買賣之類的事情一點都不關心，現在卻也漸漸地感受到箇中的趣味性了。

工作超過十年以上，他在鄉下的西服店學到了經營的基本理念。在鄉下和在東京或大阪這些大都市不一樣，一個人工作難免讓人感到不安和寂寞。這邊的刺激少，商圈也小，沒有速度感，人也不多。所以**在經營上遇到有不懂的地方，他主要是透過閱讀書籍來學習，而不是請教專家**。

柳井正是個「讀了無數本關於經營者、企業的成功故事」的讀書人，他從這個時候開始，拿到什麼商業用書就讀什麼書。譬如《專業經理人》（哈樓・季寧著）、《管理學》（彼得・杜拉克著）、《電腦帝國的興亡》（羅勃特・柯林格利）、《猶太人的商法》（藤田田著）、《麥當勞McDonald 我們豐富的人才》（約翰・F・拉布著）……等。

柳井正會在喜歡的部分畫線，或者抄寫到手冊上，一次又一次地反覆閱讀。在實際的經營上，他也體驗到紳士服和女裝在利潤構造上的差異、店鋪的開設及收店等，不斷地在理論和實踐上相互印證。

現在的UNIQLO原型就是他在這個時候前往美國時，看到大學消費合作社而想到的。「我想到，只要備齊貨物，讓學生們可以立刻拿到自己想要的東西，這麼一來就可以不需要服務人員，採取自助式的服務。創店的宗旨是站在消費者的立場來考量，不會有商業的銅臭味。就像書店或唱片行一樣，可以方便走進去，找不到自己想要的東西時，可以輕鬆地轉身就離開。如果以這種形式來銷售休閒服飾的話，應該會很有意思吧？」

一九八四年，他三十五歲的時候，在廣島市創設了現在UNIQLO的前身「優衣庫」（UNIQUE CLOTHING WARE HOUSE）。之後，他打算增加店鋪數，可是資金的周轉始終無法改善。於是他想到了一個創意「可以不要跟批發商進貨，自己做來賣」。當時，他拿來當範本的就是香港的成衣企業佐丹奴（GIORDANO），話是這麼說，他也不可能一下子就做到自己生產商品的地步。他一邊多次嘗試錯誤，一邊努力地跟工廠交涉。

由以上的例子可以知道，新型零售業型態的啓示都不在日本，多半都在國外。我想許多的創業者都是在國外得到新的商務靈感，而不是在日本國內。

資金周轉、商品開發、事業拓展……一連串的失敗

柳井正嘗試新事業有了心得，遂開始考慮公開買賣股票。從那個時候開始，他就抱著「我想創建一個至今前所未見的世界性企業」的野心。

一九九一年，他將公司名稱從小郡商事變更爲迅銷。直接翻譯，意思就是「快速零售」，不過當中也含有「快速掌握顧客的需求，將之商品化，即刻在店裡販賣」的意思。

四十二歲，他企圖公開買賣股票，創立新的連鎖店，但是卻被資金的周轉追得團團轉。銀行始終不願融資給他。他的個人資產都已經投入做爲擔保了。「我在沒有人，也沒有東西，更沒有錢的狀態下仰賴貸款擬定了三年計畫，開始行動，要問我是不是在這之後就充滿了自信？其實有一段時間，我是感到非常不安的。」

一九九四年，他度過了多次的危機，股票在廣島證券交易所上市。他打算接著在關東地區成立店面，然而商品完全銷不出去。他在關東地區沒有知名度，「便宜沒好貨」的形象也帶來不良的影響。

問題確實出在品質上，中國工廠的作業是很難掌控的。所以，他正視商品失敗的原因，努力進行研究，力圖改善。

儘管如此，他還是面臨一次又一次的失敗。在紐約成立的設計子公司在當地和山口總部等溝通不良，導致失敗；原先收購的童裝企業連續出現赤字，遭遇失敗；他成立的「Sports Kurokawa」「Family Kurokawa」等以運動、家庭爲主題的專賣店也因爲商品來源突然中斷而以失敗告終。總之，就是一連串的失敗。

「沒有人喜歡失敗。我相信每個人都不想看到攤開在眼前的血淋淋結果，或者會刻意掩飾，想要視而不見吧？然而，**如果假裝視而不見，一定會一再重複同樣的失敗**。**失敗不只是傷害，失敗當中也潛藏著通往成功的苗芽**。因此，我們只要在採取行動的同時多加思考，進行修正就可以了。會帶來危機的致命性失敗絕對不可行，但是採取行動然後以失敗告終總比紙上談兵，只知道做分析，拖拖拉拉行事要好。**失敗的經驗會成為切身的學習效果，是個人的財產。**」

一九九七年，股票在東證二部上市。隔年在原宿成立店面，從此，之前給人的「便宜沒好貨」的形象一變而爲「雖然便宜，但是品質還不錯」的評價。從這個時候便開始掀起了一陣羊毛衣熱潮。UNIQLO的羊毛衣持續熱賣，一直到二〇〇一年左右。

但是，所謂的熱潮總有迎接尾聲的一天。二〇〇二年，收益一口氣急轉直下，減少了許多。「UNIQLO也差不多了」的風聲四起。

柳井正在這種情況下了解到，成功當中也潛藏著失敗的苗芽。巨大的成功會讓人產生驕矜或錯覺。「成功會讓人變得保守。會讓人覺得保持現狀就可以了。覺得自己成功了，那等於是製造僵化和保守化、形式化、驕慢心的來源。對商務來說，這不是好事。所謂的生意買賣就是在現狀不是很好的時候就要去徹底地思考『既然如此，那應該要怎麼做才能順利呢』？**在覺得自己已經成功時就要去想：我已經開始要走下坡了。**」

發現收益減少之後，柳井正就退去社長的職務，當上會長。此時，爲了從公司的停滯期跳脫出來，柳井正的作法就是「挑戰新事物」。作法之一就是讓UNIQLO前進海外。可是，他選擇的第一個據點倫敦卻因爲當地經營團隊的保守態度，和太過拘泥於店舖數量而無法確保利潤，最後以失敗告終。

接著他嘗試的生意竟然是銷售蔬菜。他宣稱要改革日本的農業，遂打出一個品牌品「SKIP」，開始進行網路販賣和會員制的銷售活動。四周人當然會質疑，UNIQLO爲什麼要涉獵蔬菜領域？站在柳井正的立場，這當中也帶有「UNIQLO的方式是否也適用於其他商品」的實驗要素，然而，這項業務也在二〇〇四年時撤退，結果是以失敗收場。

也有「成功了的失敗」

可是，UNIQLO從二〇〇三年起，迎接了喀什米爾羊毛熱潮的到來。這是接續羊毛之後的第二波熱潮。乘著這股氣勢，柳井正收購了美國的成衣品牌希爾瑞（Theory）。進而也收購了德國的品牌Rosner公司、女裝成衣業的 National Standard公司。但是在收購這兩家公司之後，業績卻持續惡化，結果只好放棄股份。

經營事業是一件非常困難的事情。雖然從失敗當中學到許多，卻還是會遭到失敗。經營就是人和物以如此精妙的組合而形成的。其巧妙之處在於，如果能在偶然的機緣下達成，那就是成功，如果在戰略、意識的組合之下仍然無法發揮作用，那就是失敗。不管學會多少理論，總歸一句話，經營就是不斷地嘗試錯誤。**最重要的是要找到可以順利運作的方法，持續修正，而且絕對不能放棄**。

二〇〇五年，柳井正回到社長的職位。目的是要整理已經擴大的戰線，再度將變得保守的組織改造成像風險投資企業一樣，具有新鮮感又具有攻擊性。UNIQLO此時迎接第三波熱潮的到來。那就是從二〇〇七年開始的發熱衣熱潮。

但是，偶爾掀起的熱潮並不能保證UNIQLO可以長期地居於勝利的地位。「就算有成功的方程式之類的東西，把所有的現象加以分析，製造出勝利方程式之後，四周的狀況也可能在一瞬之間丕變，那個方程式也就派不上用場了。隨時以自己的感性來觀察判斷發生在現實世界的事情，而且以理論性的、分析性的態度往前進。這兩種要素的總合和統合是不可或缺的。」（《成功在一天之後就可以拋到腦後》，以下同）

如果失敗，去思考「為何會失敗」；成功時問自己「為什麼會成功」。這是必然的失敗？還是偶然的成功？或者是反過來的？**唯有經常這樣分析、反省這個過程，才能開啓下一道門扉**。光是打開門扉，沒有安排好接下來要走的道路，那也是於事無補的。

「我們不能不考慮顧客的立場，因爲小小的成功就感到滿足。很多經營者成就的明明不是什麼大不了的成功，卻錯覺自己完成了格局龐大的事情。我覺得也有很多人因爲少年得志，所以搞不清楚接下來要做什麼好。也許我們不該把它當成是成功，而是一種『成功了的失敗』吧？我認爲，對於產生自己已經成功的錯覺的人而言，這個成功很明顯的就是失敗。」

柳井正所說的話不只適用於經營者，應該也符合上班族該有的認知吧？當我們成就任何一個工作時，都不能產生「我成功了」的錯覺。越是優秀的人，對自己本身的評價就越低。我們不能當一個把成功當成偉大的功績而昂首闊步的人，也不能當一個把小小的成功當成賣點，四處吹噓的人。這樣的人所擁有的精神上的目標也很低。**越是對成功抱著虛懷若谷的態度的人，他的目標和志向也就越高。告訴自己「離成功還很遠呢」是很重要的事情。**

「也許人只有在面對不獲滿足的事情或有自卑感時才會努力，才會想要付諸行動吧？如果在各方面都獲得滿足，完全沒有自卑感的話，也許我們就不會採取任何行動了。」

當柳井正不過是山口的中小企業業者時，他是一個不被放在眼裡，充滿自卑感的人。或許就是因爲這樣，所以他才得以保有想要改革自己投入事業的強烈意志吧？所以，他拚命地工作，閱讀各種書籍，從自己所尊敬的人身上接受刺激，持續學習。

不管是成功或失敗，活用這些經驗的原動力就在於想要完成某件事情的強烈意志。

人要有念頭才會採取行動，所以，我們需要有崇高的眼光。不能老是看眼前的事物，要遠眺更遠處的目標。**只要放眼看遠方，眼前的失敗就可以活用為邁向下一關的跳板。**

〔結尾〕

支撐我們到最後關頭的是「自己」

老是想著不要失敗，目標就無法達成，也得不到成功。

「不入虎穴，焉得虎子」。在寫完本書的時候，我覺得自己好像終於能理解以前始終沒能眞正體會的這句話的意思。

當我們被委以重要的工作，或者決定要邁向一條新的道路時，一定會伴隨有失敗的風險。這確實會讓人感到害怕吧？然而，如果一心只想從自己置身的狀況中脫逃的話，就無法看到新世界了。

本書所列舉的經營者們都是功成名就的人物。但是，他們並非從一開始就是特別的人物。在踏出第一步，埋頭奮戰的當下，他們都是沒沒無聞的小卒。

不想放棄自己具有的可能性。本書所傳達的理念或許用這句話就可以一語道盡。謙虛地看待自己固然重要，卻也不能過度自貶。不失戒慎，相信自己。就結果而論，**能支撐我們到最後關頭的，除了自己別無他人**。

一個即便遭遇諸多困難，卻仍然相信自己，一路走過人生之路的人到了晚年，會有什麼樣的心境呢？

現年八十一歲的罕見創業者稻盛和夫在某次的採訪活動中有以下的陳述：

「在上床就寢之前，我會閉上眼睛，深刻地感受到，我的人生眞是幸福啊。我經歷過劇烈動盪的時代，也面臨過一連串的苦難和辛苦。我不是從小就有著優渥的環境。可是，這些事情都已經煙消霧散，我很感慨，這世上大概沒有人像我一樣，過著這麼幸福的人生了吧？」

稻盛還這麼說：

「是神佛也好，是大自然也罷，我要雙手合掌，衷心地感恩，說聲謝謝。因爲有這樣的心境，所以我不恐懼死亡，也完全不擔心任何事情。我也從來沒有想過要活得更久。如果我可以懷著這種感恩的心情終結一生的話，那是何其幸運的事情啊？」

（以上摘自《日本經濟新聞》二〇一三年四月十三日晚報）

我認爲，所謂豐富的人生就在於「心靈」的充實感。從稻盛的話語當中，我強烈地感受到那種豐裕感。在我臨終之際，我也想達到他那樣的心境。所以，我要更努力工作。

我要向明確地引導我工作重點的責任編輯西條弓子小姐，還有一直陪我到最後的各位讀者們致上最深的謝意。

二〇一三年六月

國貞文隆

N O T E

N O T E

Creative 系列叢書，帶領你超越自我！

20 幾歲，影響男人的一生

作 者｜南仁淑　譯 者｜林彥

南仁淑說：迄今為止，你認為「成為真男人的方法」都是錯的。追溯 50 名成功男性的二十幾歲時光，探索屬於你的人生關鍵。這是一本寫給憧憬未來的男人們，以及讓女人讀懂男人的書！

一個人的會議時間

學會跟自己開會，才懂得怎麼經營「自己」這家公司

作 者｜山﨑拓巳　譯 者｜張智淵

每天早上只要 10 分鐘，
就可以解決你的疑問與改變你的焦慮。

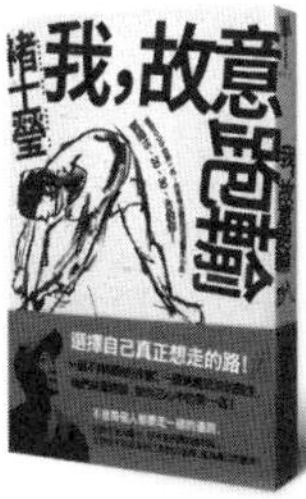

我，故意跑輸

當自己心中的第一名，
作家褚士瑩和流浪醫生小杰，
寫給 15、20、30、40 的你！

作 者｜褚士瑩

不是每個人都要走一樣的道路，
也許在別人眼中，你不是所謂的勝利組，
但你從不放棄為自己做對的選擇，
成為真正的贏家！

環遊世界的英語課

從紐約出發到台灣的英文外賣走透透

作 者｜楊筱薇

待過五個國家念書；曾經錯過飛機 3 次，
遇到 5、6 次罷工，受恐怖組織威脅 7、8 次；
學習沒有終點．
2010 紐約時報最佳英文老師．
告訴你什麼是全世界共同語言！

國家圖書館出版品預行編目資料

這些失敗改變了我：贏在不放棄！／國貞文隆
著；陳惠莉譯．——初版——臺北市：大田，民
104.3
面；公分．——（Creative；075）
ISBN 978-986-179-383-2（平裝）

494.35 103027685

Creative 075

這些失敗改變了我：贏在不放棄！

國貞文隆◎著
陳惠莉◎譯

出版者：大田出版有限公司
台北市 10445 中山北路二段 26 巷 2 號 2 樓
E-mail：titan3@ms22.hinet.net http：//www.titan3.com.tw
編輯部專線：（02）2562-1383 傳眞：（02）2581-8761
【如果您對本書或本出版公司有任何意見，歡迎來電】

總編輯：莊培園
副總編輯：蔡鳳儀 執行編輯：陳顗如
行銷企劃：張家綺／高欣妤
校對：金文蕙／陳惠莉
印刷：上好印刷股份有限公司（04）23150280
初版：二〇一五年（民 104）三月十日 定價：250 元
國際書碼：978-986-179-383-2 CIP：494.35／103027685

From：地址：＿＿＿＿＿＿＿＿＿＿＿＿＿＿＿＿＿＿

姓名：＿＿＿＿＿＿＿＿＿＿＿＿＿＿＿＿＿＿

廣告回信
台北郵局登記證
台北廣字第01764號

平信

To：大田出版有限公司 （編輯部）收

地址：台北市 10445 中山區中山北路二段 26 巷 2 號 2 樓
電話：(02) 25621383 傳真：(02) 25818761
E-mail：titan3@ms22.hinet.net

＊請沿虛線剪下，對摺裝訂寄回，謝謝！

大田精美小禮物等著你！

只要在回函卡背面留下正確的姓名、E-mail和聯絡地址，
並寄回大田出版社，
你有機會得到大田精美的小禮物！
得獎名單每雙月10日，
將公布於大田出版「編輯病」部落格，
請密切注意！

大田編輯病部落格：http：//titan3pixnet.net/blog/

智 慧 與 美 麗 的 許 諾 之 地

*請沿虛線剪下，對摺裝訂寄回，謝謝！

讀　者　回　函

你可能是各種年齡、各種職業、各種學校、各種收入的代表，
這些社會身分雖然不重要，但是，我們希望在下一本書中也能找到你。
名字／＿＿＿＿＿＿ 性別／□女 □男　　出生／＿＿＿年＿＿＿月＿＿＿日
教育程度／
職業：□ 學生□ 教師□ 內勤職員□ 家庭主婦 □ SOHO族□ 企業主管
□ 服務業□ 製造業□ 醫藥護理□ 軍警□ 資訊業□ 銷售業務
□ 其他＿＿＿＿＿＿＿＿＿＿＿＿＿＿＿＿＿＿
E-mail/＿＿＿＿＿＿＿＿＿＿＿＿＿＿＿＿ 電話／＿＿＿＿＿＿＿＿＿＿
聯絡地址：
你如何發現這本書的？　　　　　　　　　　　　書名：這些失敗改變了我
□書店閒逛時＿＿＿＿書店 □不小心在網路書站看到（哪一家網路書店？）＿＿＿＿
□朋友的男朋友(女朋友)灑狗血推薦 □大田電子報或編輯病部落格 □大田FB粉絲專頁
□部落格版主推薦＿＿＿＿＿＿＿＿＿＿＿＿＿＿＿＿＿＿
□其他各種可能 ，是編輯沒想到的＿＿＿＿＿＿＿＿＿＿＿＿＿＿＿＿
你或許常常愛上新的咖啡廣告、新的偶像明星、新的衣服、新的香水……
但是，你怎麼愛上一本新書的？
□我覺得還滿便宜的啦！ □我被內容感動 □我對本書作者的作品有蒐集癖
□我最喜歡有贈品的書 □老實講「貴出版社」的整體包裝還滿合我意的 □以上皆非
□可能還有其他說法，請告訴我們你的說法
＿＿＿＿＿＿＿＿＿＿＿＿＿＿＿＿＿＿＿＿＿＿＿＿＿＿＿＿＿＿＿＿＿＿＿＿
你一定有不同凡響的閱讀嗜好，請告訴我們：
□哲學 □心理學 □宗教 □自然生態 □流行趨勢 □醫療保健 □ 財經企管□ 史地□ 傳記
□ 文學□ 散文□ 原住民 □ 小說□ 親子叢書□ 休閒旅遊□ 其他＿＿＿＿＿＿＿＿＿＿
你對於紙本書以及電子書一起出版時，你會先選擇購買
□ 紙本書□ 電子書□ 其他＿＿＿＿＿＿＿＿＿＿＿＿＿＿＿＿＿＿＿＿＿＿
如果本書出版電子版，你會購買嗎？
□ 會□ 不會□ 其他＿＿＿＿＿＿＿＿＿＿＿＿＿＿＿＿＿＿＿＿＿＿＿＿
你認為電子書有哪些品項讓你想要購買？
□ 純文學小說□ 輕小說□ 圖文書□ 旅遊資訊□ 心理勵志□ 語言學習□ 美容保養
□ 服裝搭配□ 攝影□ 寵物□ 其他＿＿＿＿＿＿＿＿＿＿＿＿＿＿＿＿＿＿
請說出對本書的其他意見：

大田出版有限公司編輯部 感謝您！